"十三五"国家重点出版物出版规划项目

现代机械工程系列精品教材

# 增材制造技术

## 第 2 版

吴超群　张金良　孙　琴　编著

机械工业出版社

本书共分7章，第1章介绍增材制造的技术特点与发展历程；第2章介绍增材制造的一般工艺流程，包括3D建模、数据处理、原材料的选择、工艺选择与零件制备等；第3章介绍增材制造技术的常见工艺方法及其装备，包括原理、材料、工艺过程、装备与应用等；第4章介绍增材制造零部件的微观结构特性、常见缺陷、力学性能与功能特性；第5章介绍增材制造近年来的主要发展方向；第6章介绍增材制造的主要应用领域；第7章主要介绍增材制造的模型处理与成形实验。本书涉及的增材制造工艺名称和材料名称的英文缩略、含义等列于附录中。

本书可作为普通高等学校机械、机电、汽车、材料成形及控制、管理工程、计算机等专业的本科和专科层次的教材，也可供从事计算机辅助设计与制造、模具设计与制造等工作的工程技术人员参考。

**图书在版编目（CIP）数据**

增材制造技术 / 吴超群，张金良，孙琴编著.

2 版. -- 北京：机械工业出版社，2024.5（2025.1重印）. -- （现代机械工程系列精品教材）. -- ISBN 978-7-111-75974-4

Ⅰ. TB4

中国国家版本馆 CIP 数据核字第 2024YE9007 号

机械工业出版社（北京市百万庄大街22号　邮政编码100037）

策划编辑：余　皞　　　　　　　　责任编辑：余　皞　丁昕祯
责任校对：甘慧彤　王小童　景　飞　　封面设计：张　静
责任印制：刘　媛

北京联兴盛业印刷股份有限公司印刷

2025年1月第2版第2次印刷

184mm×260mm · 11.5印张 · 251千字

标准书号：ISBN 978-7-111-75974-4

定价：39.80 元

电话服务　　　　　　　　　　　网络服务

客服电话：010-88361066　　　机　工　官　网：www.cmpbook.com

　　　　　010-88379833　　　机　工　官　博：weibo.com/cmp1952

　　　　　010-68326294　　　金　书　网：www.golden-book.com

**封底无防伪标均为盗版**　机工教育服务网：www.cmpedu.com

# 序

增材制造技术作为当前支撑制造业创新发展的重大颠覆性技术之一，进一步推进了高性能产品整体化、定制化、智能化的制造生产模式，已成为诸多领域创新驱动的催化剂。随着增材制造基础研究、关键技术与装备、产业化应用的快速发展，我国初步建立了涵盖增材制造材料、工艺、软件、装备和应用的技术创新体系，助推了航空航天、汽车、生物医疗等先进制造领域的技术突破。

党的二十大报告提出：深入实施科教兴国战略、人才强国战略、创新驱动发展战略，开辟发展新领域新赛道，不断塑造发展新动能新优势。在当前制造业面临新一轮技术革命的形势下，开设增材制造相关教学工作，培养增材制造领域创新人才，已成为推动我国先进制造科技发展的重要一环，相应的教材建设就显得尤为重要。

本书较为详细地从设计、工艺、装备、应用等多个视角论述了增材制造技术的内涵和体系结构，在注重内容系统性、完整性和前沿性的同时，更注重选材的先进适用性和成熟性，结合增材制造实验，以具体应用实例阐述其技术功能与原理，以理论与实践相结合的方式，提高学生对增材制造技术的理解。

本书作为"十三五"国家重点出版物出版规划项目——现代机械工程系列精品教材，适合于机械类、材料类和计算机类专业的高等院校学生与制造领域的工程技术人员学习和参考，对增材制造与先进制造领域的课程建设与人才培养具有重要的指导意义，作用匪浅。

编著团队具有丰富的教学与实践经验，增材制造技术发展日新月异，一部好教材的编撰工作需经历千锤百炼，教材内容与案例也将随着知识与应用的更新不断迭代，相信随着科教兴国战略的深入贯彻，增材制造行业的教学与教材建设事业必将取得令人瞩目的成绩。

在阅读本书样稿后，谨记述个人的感触情怀，聊以为序。

史玉升

于华中科技大学

# 前　言

增材制造（Additive Manufacturing，AM）技术也被称为 3D 打印技术，是 20 世纪 80 年代中期出现的高新技术。增材制造技术已被纳入世界各地许多大学的课程中。越来越多的学生开始对这项技术感兴趣，然而目前适合这门课程的教材并不多。编著者希望通过本书，可以让更多读者学习和认识这项技术，并能对其今后所从事的工作有所帮助。

本书内容包括：增材制造的特点与发展、增材制造的工艺流程、增材制造技术的常见工艺方法及其装备、增材制造零部件的性能特征、增材制造的主要研究方向、增材制造的主要应用领域和增材制造实验。

本书的编写参考了同类教材的编写经验和国内外近期的教学和科研成果以及成熟的应用案例，注重理论技术与商业应用紧密联系。根据不同种类材料的特点，本书重点介绍了各种各样的增材制造技术，同时介绍了增材制造零部件的性能特性等，适当增加了增材制造工艺的核心技术分析。本书侧重培养学生具备增材制造技术的应用能力，提高学生分析问题、解决问题的能力，并培养他们的创新意识，同时重视课程思政教学。

本书可作为普通高等学校机械、机电、汽车、材料成形及控制、管理工程、计算机等专业的本科和专科层次教材，也可供从事计算机辅助设计与制造、模具设计与制造等工作的工程技术人员参考。

由于编著者水平和经验有限，书中错误和疏漏之处在所难免，敬请广大读者批评指正。

编著者

# 目 录

第 1 章

增材制造的特点与发展

# 1.1 制造技术的分类

按制造过程的形式可将制造过程分为增材制造、减材制造、等材制造（合成制造）三种。其中，增材制造是通过材料的不断叠加来获得最终形状。而减材制造工艺是将多余材料去除以得到最终形状，如毛坯通过车刀进行车削，得到与图样要求相符的工件。等材制造的过程是将材料进行机械挤压或者形状约束以获得实际要求的形状，在加工过程中，并未减少或增加材料用量。图1-1所示为三种基本制造工艺：减材制造、增材制造和等材制造（合成制造）。

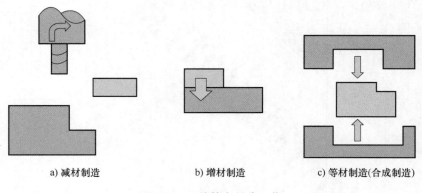

a) 减材制造  b) 增材制造  c) 等材制造(合成制造)

图1-1 三种基本制造工艺

常见的减材制造：大部分形式的机械加工（如铣削、磨削、钻孔、刨削、锯）、计算机数控加工、其他传统加工（如电火花、激光切割等）。

常见的增材制造：光固化立体成形、激光选区烧结、熔融沉积技术、电子束熔融等。

常见的等材制造（合成制造）：有折弯、冲压成形、电磁成形、注塑成形、板材弯面及塑造熔融液体固化成形等。

增材制造技术可以快速实现一些设计概念，将设计模型真实化，得到有形、可见的三维固体样品，因此过去称这种应用为快速原型技术。生产单件或小批量样品的本质是在非常短的时间内，不使用工具、夹具、模具和辅助材料来实现设计的实体化。快速原型技术主要用于新产品的快速开发。

在实际的生产中，新产品开发阶段经常先使用增材制造技术对产品进行试制，在确保其可行性后采用传统的制造方法进行大批量生产。这样可以避免不必要的返工，进而降低研发成本，缩短新产品试制的时间，提高产品研发对市场的响应速度，帮助企业在当今风云变幻的市场竞争中占领先机。

与注塑成形工艺相比，增材制造需要的固定成本更低，因为它不需要昂贵的模具。因此在小批量生产运行中，具有较好的成本效益。与减材制造加工工艺相比，增材制造的废料少，无材料切削过程。据统计，与增材制造相关的金属制造应用中的废料与减材制造相比减少了 40%。此外，95%~98% 的废料可以在增材制造中回收利用。

## 1.2　增材制造的定义及特点

增材制造（Additive Manufacturing，AM）技术是 20 世纪 80 年代中期发展起来的高、新技术。美国材料试验协会（American Society for Testing Materials，ASTM）将其定义为"利用三维模型数据从连续的材料中获得实体的过程"，该三维模型数据通常层叠在一起。其有别于去除材料的制造方法和工艺。

增材制造技术以计算机三维模型的形式为开端，它可以经过几个阶段直接转化为成品，也不需要使用模具、附加夹具和切削工具。增材制造技术从成形原理来看，是一个分层制造、逐层叠加成形的全新模式：将计算机辅助设计（Computer-Aided Design，CAD）、计算机辅助制造（Computer Aided Manufacturing，CAM）、计算机数字控制（Computer Numerical Control，CNC）、激光伺服驱动和新材料等先进技术集于一体，其将计算机上构成的三维设计模型分层切片，得到各层截面的二维轮廓信息。在控制系统的控制下，增材制造设备的成形头按照这些轮廓信息，选择性地固化或切割一层层的成形材料，形成各个截面轮廓，并按顺序逐步叠加成三维制件，图 1-2 所示为增材制造流程图。因其流程很像打印机的打印过程，且成形过程在三维空间内进行，也被人们通俗形象的称为 3D 打印，其制造过程称为打

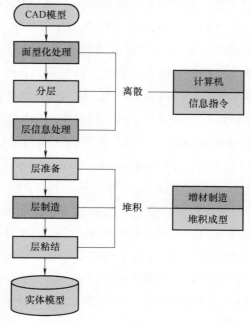

图 1-2　增材制造流程图

印。但是需要说明的是，3D打印严格来说只是增材制造工艺中的一种，本书后续章节中会具体介绍，不应混淆使用。

美国《时代》周刊和英国《经济学人》杂志将增材制造列为"美国十大增长最快的工业之一"和"与其他数字化生产模式一起推动实现的第四次工业革命"。增材制造具备强大的构建功能：在空间中，增材制造技术具有选择性地放置（多）材料的能力，不仅提供了新的设计思路，而且衍生出独特的功能；增材制造技术可同时打印多种材料，然后与集成电路和传感器一起创建功能部件和零件，通过该方法增材制造技术可实现多功能产品的制造。就这种能力而言，面临的一个挑战在于创建一个使用户能高效建模的软件环境，具体表现如下：

**（1）多材料增材制造**　多材料增材制造技术（如激光熔覆沉积、超声波固结、光固化立体成形、材料喷射）能够利用功能梯度材料来制造零件。设计者可以运用这些技术，在体素的基础上对材料特性进行指定，如颜色、刚度、粘结性、柔韧性、硬度等。多材料增材制造在艺术雕塑和具有柔性接头的多组件组合体的应用场合常被运用。

**（2）增材制造装配体**　增材制造技术可直接制造出组装机器和机构。在相对运动部件之间预留一定间隙或设置一些工艺支撑结构。因为增材制造技术无装配特征和时效性，机器人和假肢、铰接模型、物理工作模型，包括其他各种预组装和功能齐全的运动学组件（如弯曲单元、接头、紧固件和连接），都可以使用增材制造技术制造。

**（3）嵌入外部组件**　在增材制造技术中，逐层制造方法的一个基本优点是能够通过构建过程来得到整个工件的体积。通过暂停构建，人们可以将外部组件嵌入先前设计的空隙中，然后一旦恢复增材制造，它们就被完全封装到该部件中。凭借该功能，增材制造提供了独特的设计思路，将电路、传感器和其他功能部件（例如电动机、螺杆等）嵌入正在制造的部件中。这样可以直接在增材制造设备中制造功能组件和机构，而不需要辅助的组装步骤。这种嵌入能力为实现诸如自驱动的机器人肢体，具有嵌入式传感器的智能结构以及具有嵌入式压电材料的能量收集装置等应用提供了可能。嵌入外来组件适用于熔融沉积制造、立体光刻、片层层叠、超声波固结、材料喷射、挤压等增材制造技术工艺。

**（4）增材制造电路、传感器和电池**　利用将组件嵌入增材制造部件的能力，许多研究人员已经研究了增材制造和直接书写（Direct Writing，DW）技术的结合。DW技术使材料能选择性沉积和图案化，并且已经用于将导电材料图案化到各种印刷基板上的工艺过程中。DW技术包括挤出、喷墨、气溶胶喷射、激光系统和尖端沉积等工艺流程。DW技术已经成功地与超声波固结技术、立体光刻、挤出和聚合物粉末融合的增材制造工艺相结合。当与增材制造结合使用时，DW技术可以创建出集成于成品零件中的复杂电子结构。当集成到增材制造工艺流程中时，可以利用DW技术来制造电路、嵌入式传感器以及集成电力系统。具体应用包括信号路由、保形天线、应变传感器、力传感器、磁性探测器和电池。

增材制造技术有以下优点：

**（1）设计灵活**　增材制造技术的显著特征是它们的分层制造方法，这个方法可以创建任何复杂的几何形状。这与切削（减材制造）工艺形成对比，切削（减材制造）工艺由于需要工装夹具和各种刀具，以及当制造复杂几何形状时，刀具达到较深或不可见区域等原因会造成加工困难甚至无法加工成形。从根本上说，增材制造技术为设计人员提供了将材料选择性地精确放置在实现设计功能所需位置的能力。这种能力与数字生产线相结合，就能够实现结构的拓扑优化，从而减少材料的用量。

**（2）应用简便且范围广**　目前的增材制造技术为设计师在实现复杂几何形状方面提供了最大的自由发挥空间。由于增材制造技术不需要额外的工具、不需要重新修复、不需要增加操作员的专业知识，甚至制造时间。因此使用增材制造技术时，零件的复杂性不会增加额外的成本。尽管传统的制造工艺也可以制造复杂部件，但其几何复杂性与模具成本之间仍存在直接的关系，如大批量生产时利润可达到预期。

**（3）形状精度高**　与原始数字模型相比，精度（公差）决定了最终零件的成形质量。在传统制造系统中，需要基于国家标准的一般公差和加工余量来保证零件的加工质量。大多数增材制造设备可用于制造几厘米或更大的部件，具有较高的形状精度，但尺寸精度较差。尺寸精度在增材制造早期开发中并不重要，主要用于原型制造。然而，随着对增材制造技术制品的期望越来越高，对于增材制造制品的尺寸精度要求也越来越高。

**（4）避免装配**　增材制造技术能够直接成形各类复杂几何形状，如果按常规方式生产，则需要组装多个部件。此外，可以使用增材制造生产具有集成机制的"单件组件"产品。

**（5）生产效益高**　一些常规工艺（如注塑成形），不管启动成本多少，批量生产都需要消耗大量的时间和成本。虽然增材制造工艺比注塑成形要慢得多，但是由于不需要进行生产启动的环节，所以其更适合于单件小批量的生产。此外，按订单需求采用增材制造生产可以降低库存成本，或与供应链和交付相关的成本。通常，用增材制造制造部件时，浪费的材料很少。虽然由于粉末熔融技术中的支撑结构和粉末回收会产生一些废料，但是所购原材料的量与实际消耗材料量的比率相对来说非常高。

## 1.3　增材制造的发展

增材制造的出现最早可以追溯到20世纪40年代。最初，增材制造被用来制造产品的外观模型，材料仅限于塑料。1996年至1998年期间，增材制造概念逐渐清晰，并有了初步的归纳和分类，有关增材制造技术的专利也逐渐增多，其中Paul L Dirnatteo的专利中明确地提出了增材制造的基本思路，如图1-3所示，即先用轮廓跟踪器将三维物体转化成许多二维轮廓薄片，然后用激光切割成形这些薄片，再用螺钉、销钉等将一系列薄片连接成三维物体。

现在增材制造所涉及的材料不再限于塑料，金属同样可以利用这一制造工艺。无论是科研院所、高校还是企业都研发了数种增材制造技术。产品的尺寸从最初的小零件发展到可以制造较大尺寸的零件，包括飞机上的梁。

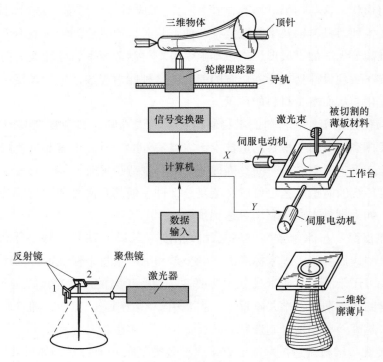

图 1-3　Paul 的分层成形法

　　作为增材制造的雏形，纤维缠绕成形技术最早出现于 20 世纪 40 年代美国的曼哈顿原子能计划，用于缠绕火箭发动机壳体及导弹等军用产品。该技术机械化与自动化程度高，工件适应性强，最大的优点是可以充分发挥纤维的强度与模量优势，在美国申请专利之后，迅速发展成为复合材料制品的重要成形方法。复合材料纤维铺放成形技术是 20 世纪70 年代作为对纤维缠绕、自动铺带技术、自动铺丝技术的改革而发展起来的一种全自动复合材料加工技术，也是之后发展最快、效率最高的复合材料自动化成形制造技术之一。纤维铺放技术弥补了纤维缠绕技术的不足，不仅可以成形负曲率构件、加强筋板等，而且对于大平面表面铺放时也可以保证足够的压紧力，避免出现层间分离等现象。1984 年，3D Systems 公司的 Charles Hull 利用光固化法开发了第一个商业增材制造系统，其工作原理为利用紫外激光来选择性聚合紫外线固化树脂以产生一层固化材料，层层叠加固化层就可完成部件成形。1986 年 Helisys 公司开发了使用叠层实体制造（Laminated Object Man-ufacturing，LOM）的增材制造系统，该工艺在 1987 年获得专利。LOM 采用薄片材料，如纸、塑料薄膜等。片材表面事先涂覆上一层热熔胶，加工时，热压辊热压片材，使之与下面已成形的工件粘结。1988 年，Stratasys 有限公司的联合创始人 Scott Crump 开发了一种通过将熔融热塑性材料（如 ABS 或 PLA）机械挤出到基底上制成层的增材制造工艺，该方法被称为熔融沉积技术（Fused Deposition Modelling，FDM）。1989 年，美国德克萨斯大学奥斯汀分校提出了激光选区烧结技术（Selective Laser Sintering，SLS），其基本原理为利用高强度激光将尼龙、蜡、ABS、陶瓷甚至金属等材料粉末高温熔化烧结成形，如图1-4所示。

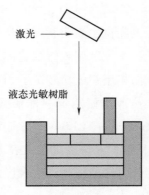

图1-4 SLS示意图

随着SLS工艺的不断应用，各种改型技术不断出现，其中直接金属激光烧结（Direct Metal Laser-Sintering，DMLS）、激光选区熔化（Selective Laser Melting，SLM）和电子束熔融（Electron Beam Melting，EBM）是最具有代表性的金属粉末融合技术。20世纪90年代中期，在SLS工艺的基础上发展起来的激光选区熔化工艺（SLM）克服了SLS制造金属零件工艺过程复杂的困扰，可利用高强度激光熔融金属粉末快速成形出致密且力学性能良好的金属零件。1993年，美国麻省理工学院教授Emanual Sachs将金属、陶瓷的粉末通过粘结剂粘在一起发明了三维打印快速成形技术（3D Printing，3DP）。1995年，美国麻省理工学院的毕业生Jim Bredt和Tim Anderson修改了喷墨打印机方案，把墨水挤压在纸上的方案变为把约束溶剂挤压到粉末床，也因此创立了现代的三维打印企业Z Corporation。1995年，美国Sandia国家实验室研发成功了激光近净成形技术（Laser Engineered Net Shaping，LENS）。其基本原理为通过粉末喷嘴将金属粉末直接输送到激光光斑在固态基板上形成的熔池，使之凝固成层实现层层堆叠成形。1996年3D Systems推出了第一台多点喷射3D打印机。类似于喷墨印刷技术，将颜料从液体通道以液滴的方式转移到纸基材上，材料喷射增材制造工艺的过程直接通过滴定将蜡和光聚合物液滴沉积在基材上进行打印。通过加热或光固化发生喷射液滴的相变。1997年，瑞典Arcam公司成立，电子束熔融（EBM）是该公司开发出的一种增材制造技术，EBM类似于SLM工艺，利用电子束在真空室中逐层熔化金属粉末，并可由CAD模型直接制造金属零件。

目前增材制造技术最热门的应用领域就是3D打印。2005年是3D打印行业的蓬勃之年，Z Corporation推出了世界上第一台高精度彩色3D打印机Spectrum2510。英国巴恩大学的Adrian Bowyer发起了开源3D打印机项目Rep Rap，目标是通过3D打印机本身，制造出另一台3D打印机。正是这一项目吸引了更多投资者的目光，3D打印企业开始像雨后春笋般出现。2010年11月，第一台3D打印轿车出现。它的所有外部组件都由3D打印制造完成，其中的玻璃面板使用Dimension3D打印机和由Stratasys公司数

图1-5 世界上第一架3D打印飞机

字生产服务项目Red Eyeon Demand提供的Fortus3D成形系统制造。2011年8月，英国南安普敦大学的工程师制造了世界上第一架3D打印飞机，如图1-5所示。

2012年3月，维也纳大学的研究人员成功打印一辆长度不到0.3mm的赛车模型，这辆车的问世也表明利用二光子平板印刷技术突破了3D打印的最小极限。2012年11月，苏格兰科学家利用人体细胞首次用3D打印机打印出了人造肝脏组织。2012年12月，美国分布式防御组织成功测试了3D打印的枪支弹夹。2015年3月，美国北卡罗来纳大学的几名研究人员改进研制了一种新型3D打印技术——连续液界制造技术（Continuous Liquid Interface Production，CLIP），其利用每层图案做整幅投影，从而可快速令液态树脂固化。该技术在《科学》杂志上进行发表，具有很强的权威性。与传统3D打印技术相比，该技术最大的优点是打印速度得到极大提升。近几年，3D打印一直有新的进展。打印技术在服装首饰、食品卫生、材料建筑、文化艺术等领域相继得到运用、3D打印可以实现各式各样的产品（图1-6~图1-11），具有极大的潜力。

图1-6 第一辆3D打印自行车

图1-7 第一辆3D打印的轿车

图1-8 第一把3D打印的轻武器

图1-9 3D打印技术复制经典超级跑车Shelby Cobra

图 1-10　我国用激光 3D 打印出的
最大的钛合金整体结构（5m²）

图 1-11　3D 打印的月球探险车模型

## 1.4　增材制造的机遇与挑战

　　增材制造技术有着巨大的发展前景，它会改变制造业的生产模式和生产现场，减少供应链。就目前的发展状况来说，要实现增材制造技术的大规模应用，还有许多问题有待解决。这里列举出几个主要的问题。

　　**（1）高昂的制造成本问题**　增材制造技术当前适用于制造具有定制特征、小批量或几何形状复杂度高的产品，其主要应用领域包括航空航天、高端汽车和生物医学，同时也可以满足个人需求，如制造收藏品、首饰和家居饰品等。然而采用增材制造技术批量制造标准化零件来实现规模经济的成本明显大于传统工艺的成本。以注塑工艺为例，注塑成型塑料的价格只有 150 元/kg，而大多数增材制造光敏树脂和塑料价格在 850~1500 元/kg。再以金属粉末成型为例，增材制造钛和钛合金价格为 2040~5280 元/kg，远高于传统工艺与原材料价格。同时，当前的生产速度过于缓慢，导致设备和厂房的折旧率很高，这进一步增加了增材制造的制造成本。

　　**（2）尺寸范围和层间分辨率的局限问题**　在层间分辨率和制造部件的尺寸范围之间，增材制造技术存在内在的局限性。虽然较高的层间分辨率（即较小的层厚度）能提供更好的表面质量，但是这需要建立更多层来创建所期望的几何形状，因此会增加总的制造时间。正是因为这个原因，商业上的一些增材制造系统，在层间分辨率小于 0.1mm 时所能制造出产品的最大尺寸一般小于 25mm。目前，根据机型和加工工艺的不同，增材制造产品的尺寸范围一般小于 1m（平均 200~350mm），在生产一些大型零件时不适合采用增材制造技术。对于大尺寸范围的增材制造设备，一般采用较大的层间厚度来提高打印速度，其表面质量则可通过工艺规划来保障，或者是通过后处理工艺（打磨）提高。

　　**（3）材料的局限性问题**　由于高昂的材料成本，研究新的可用材料以降低生产成本，对提高增材制造技术的市场竞争力至关重要。因此，必须增加可用材料的范围。再者，在加工过程中节省材料也十分重要。对于一些贵重材料来说，材料的高效利用是降低生产成本的重要方法。同时，新材料已经成为增材制造领域的一大热门研究方向，新材料的出现将进一步优化增材制造效果。材料的研究范围包括现有材料（如金属、聚合物、复合材料、陶瓷）和未来的材料（如食品、生物结构）。近年来出现的多色彩3D打印满足了创意行业对色彩的需求（图1-12），但就多彩的世界而言，未来彩色增材制造还有很漫长的道路要走。

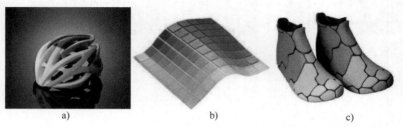

图 1-12　Objet500 Connex3 多色彩 3D 打印机打印出的产品

彩图二维码

（4）材料异质性和结构可靠性问题　在产品生产过程中需要采用不同材料时，增材制造系统在选择材料时就会出现困难。因为现有技术的增材制造系统所生产的产品由于层间结合缺陷会导致零件的各向异性。此外，大多数增材制造系统一次只能打印一种材料。虽然部分增材制造系统可以同时打印多种不同的材料，如打印金属和聚合物，但由于材料之间界面行为的不确定性以及缺乏设计软件的支持，这些系统的应用也十分有限。也就是说，现有的商业软件不能为设计者提供模拟和分析多种材料的功能。

（5）增材制造标准化和知识产权问题　为了确保零件质量、重复性以及整机和机器的一致性，增材制造行业必须对材料、工序、校准、测试和文件格式进行统一，由于现有的机器、材料和工艺的种类繁多，而且各设备制造商（类似于文字印刷行业）在定制耗材和配件方面存在着巨大的经济利益矛盾，这导致了增材制造行业很难有统一的标准。从知识产权的角度来看，增材制造的数据驱动的生产方式和可供下载的开源项目的出现，挑战了当前保护发明家免受侵权的法律环境和社会法规。未来，增材制造领域可能会出现设计类的专利，并导致其保护方式发生根本性的变化。为了保护数字化模型的知识产权，研究人员试图通过在图像信息内嵌入频谱域来进行加密，并使其内部结构在太赫兹波下可见，从而建立产品的独有标记，以此保护知识产权。

（6）商业化障碍问题　当前增材制造技术的专业培训不够完善，大多数爱好者都只停留在认识阶段，这对技术的进一步优化和成熟无疑是相当不利的。技术准备水平（TRL）由美国国家航空航天局于1969年首次提出，是技术开发成熟度（包括材料、零部件、设备等）的衡量标准，其核心思想是满足成熟技术的科技研究规律，评估科技研究进程及其创新阶梯。一般来说，当发明或提出新技术时，不适合在实际环境中立即使用。需要经过大量的实验测试进行完善，在充分证明了其可行性之后才可推广应用。因此，TRL将整个技术研发过程分为 9 个阶段，分别为 3 个"实验室"阶段，3 个"试点"阶段，以及 3 个"工业化"阶段。根据 TRL 评估标准，对于许多应用来说，增材制造技术准备水平仍处于低位。因此，这种技术要成为革命性的力量还需要社会各阶层制定合适的规划进行推广。增材制造的主要局限性见表 1-1。

表 1-1　增材制造的主要局限性

| 特性 | 大规模制造 | 增材制造 |
|---|---|---|
| 制造技术 | 各种传统工艺的组合，可用于实现大部分产品的大规模制造 | 增材制造技术目前尚不具备直接生产像汽车、电脑、手表等复杂的混合材料产品的能力 |
| 供应链集成需求 | 需要高度集成的供应链管理，以确保在合适的时间从多种供应中获得正确的货物 | 使用来自多个供应商的现成可用的供应 |
| 经济效益 | 能够以较低的价格大规模生产产品。但库存的风险较高，需要提高营运资金管理 | 因材料研发难度大，而使用量不大等原因，导致增材制造成本较高，且制造效率不高 |
| 产品范围 | 电脑、手表、窗户、鞋子、牛仔裤 | 原型、模型、替换零件、牙冠、假肢 |

受 TRL 较低及产业链不成熟的影响，增材制造的产业基础相当薄弱。设备供应商生产的机器没有统一的标准给产品市场流动增加了困难，原材料供应商十分有限，这导致不同厂家的原材料和不同厂家的设备匹配性能较差，设备和材料必须配套，产品才能达到最佳性能。与标准化的传统制造装备产业链相比，以上种种局限性无疑为增材制造设备的市场流通设置了障碍。

## 思考题

1. 简述增材制造、减材制造和等材制造的定义，并分析三者有何区别，各举出三个例子。
2. 用列表的形式回顾一下增材制造的发展史。
3. 增材制造技术有哪些优点，列出并简述其应用价值。
4. 目前，增材制造还有哪些问题需要解决？针对每个问题发表自己的看法。

## 参 考 文 献

[1] 陈硕平，易和平，罗志虹，等. 高分子 3D 打印材料和打印工艺 [J]. 材料导报，2016，30（7）：54-59.
[2] 黎宇航，董齐，邱清安，等. 熔融沉积增材制造成形碳纤维复合材料的力学性能 [J]. 塑性工程学报，2017，24（3）：225-230.
[3] 李磊. 基于 FDM 成型技术的 3D 打印工件机械性能及质量研究分析 [D]. 广州：华南理工大学，2016.
[4] 李洋. 激光增材制造（3D 打印）制备生物医用多孔金属工艺及组织性能研究 [D]. 苏州：苏州大学，2015.
[5] 林鑫，黄卫东. 高性能金属构件的激光增材制造 [J]. 中国科学：信息科学，2015，45（9）：1111-1126.
[6] 杨平华，高祥熙，梁菁，等. 金属增材制造技术发展动向及无损检测研究进展 [J]. 材料工程，2017，45（09）：13-21.

[7] 张学军，唐思熠，肇恒跃，等. 3D 打印技术研究现状和关键技术 [J]. 材料工程，2016，44（2）：122-128.

[8] 张渝，侯慧鹏，雷力明. 高温合金增材制造标准分析 [J]. 材料导报，2017，31（S1）：62-65.

[9] 赵剑峰，马智勇，谢德巧，等. 金属增材制造技术 [J]. 南京航空航天大学学报，2014，46（5）：21-29.

[10] 周汝垚，帅茂兵，蒋驰. 陶瓷材料增材制造技术研究进展 [J]. 材料导报，2016，30（1）：67-72.

[11] 蔡志楷，梁家辉. 3D 打印和增材制造的原理及应用 [M]. 北京：国防工业出版社，2017.

[12] 王广春. 增材制造技术及应用实例 [M]. 北京：机械工业出版社，2014.

[13] 余振新. 3D 打印技术培训教程——3D 增材制造（3D 打印）技术原理及应用 [M]. 广州：中山大学出版社，2016.

[14] BIKAS H, STAVROPOULOS P, CHRYSSOLOURIS G. Additive manufacturing methods and modelling approaches：a critical review [J]. The International Journal of Advanced Manufacturing Technology, 2016, 83（1-4）：398-405.

[15] STEUBEN J C, ILIOPOULOS A P, MICHOPOULOS J G. Implicit slicing for functionally tailored additive manufacturing [J]. Computer-Aided Design, 2016, 77：107-109.

[16] AMBROSI A, PUMERA M. 3D printing technologies for electrochemical applications [J]. Chemical Society Reviews, 2016, 45（10）：27-40.

[17] BERMAN B. 3D printing：The new industrial revolution [J]. Business Horizons, 2012, 55（2）：155-162.

[18] CAMPBELL R I, BEER D J D, PEI E. Additive manufacturing in South Africa：building on the foundations [J]. Rapid Prototyping Journal, 2011, 17（2）：156-162.

[19] COMPTON B G, LEWIS J A. 3D printing of lightweight cellular composites [J]. Advanced Materials, 2014, 26（34）：5930-5935.

[20] DUDA T, RAGHAVAN L V. 3D Metal Printing Technology [J]. IFAC-PapersOnLine, 2016, 49（29）：103-110.

[21] ESPALIN D, MUSE D W, MACDONALD E, et al. 3D Printing multifunctionality：structures with electronics [J]. International Journal of Advanced Manufacturing Technology, 2014, 72（5-8）：963-978.

[22] GODOI F C, PRAKASH S, BHANDARI B R. 3D printing technologies applied for food design：Status and prospects [J]. Journal of Food Engineering, 2016, 179：44-54.

[23] JARIWALA S H, LEWIS G S, BUSHMAN Z J, et al. 3D Printing of Personalized Artificial Bone Scaffolds [J]. 2015, 2（2）：56-64.

“两弹一星”功勋科学家：

最长的一天

# 第 2 章

## 增材制造的工艺流程

# 2.1 零件增材制造的一般步骤

各类增材制造技术虽然技术路线不同，但基本思路是一致的，即将三维实体离散成二维层片，完成二维制造成形后叠加形成三维实体。这种制造方式与传统制造方式完全不同，它通过将三维制件转化为简单的二维单元，不需要制造模具，大大减少了设计周期，很好地满足了特定客户的需求。

零件的增材制造工艺流程主要包括五个步骤（图2-1）。

**（1）建立三维模型**　目前，增材制造技术首先要通过三维绘图软件或3D扫描仪等方式构建三维模型，然后才能被打印。随着CAD技术的发展，相关的三维绘图软件已非常丰富，且易学易用并标准化，有些软件甚至可以将平面照片转化成立体模型。如图2-1中①为建立三维模型。有些构形轮廓不规则时，还需要对三维图形进行加工，例如添加支撑以保证打印顺利进行，也有专门的STL修复软件用于解决这一问题，如比利时的MAGICS软件。通常，三维模型采用STL格式存储，以便分层软件进行识别和进一步分层。STL文件中包含有零件的尺寸、颜色、材料以及其他有用的特征信息。

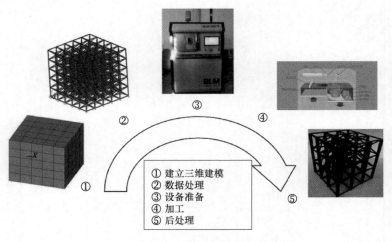

① 建立三维建模
② 数据处理
③ 设备准备
④ 加工
⑤ 后处理

图 2-1　增材制造工艺流程

3D 打印实操视频

**（2）数据处理**　将已经绘制完成的三维模型，按Z轴竖直摆放，然后采用切片软件把其切成二维层片，切割平面与Z轴垂直。切片时每层的厚度对制件质量及成形时间有着重大影响。由于增材制造为逐层叠加制造，在实际加工时并不会按模拟的连续面线制造，而是采用小台阶式的离散数据取代连续的轮廓线，就像用多边形无限趋近圆形一样。因此，切片厚度越小，"台阶效应"越不明显，精度也就越高。但是切片厚度也不是越薄越好，厚度太薄会大大增加成形难度和成形时间。所以，切片厚度需要根据不同机型和制件来调整。而厚度的精准度往往取决于分层件的性能优劣和增材制造设备的精度。如图 2-1 中②为数据处理，实现 STL 文件格式转存和切片处理。

（3）**设备准备**　所有的增材制造设备都有一些必要的加工参数需要设置，尽管有些增材制造设备是专门为几种材料设计的，需要设置的参数非常少，使用过程中仅需要改变几个加工参数，如分层厚度等。而有一些增材制造设备需要设置的参数比较多，用户可以通过操作软件实现材料的选择、加工速度的设定以及低污染加工模式等参数的设定。这些设备一般有一些缺省参数或者是上一次加工后保存下来的参数，参数选择不仅会影响加工的进行，而且很大程度上会影响零件的成形质量。如图 2-1 中③所示，数据处理完成后，需要开启增材制造设备，做好加工前的准备工作，同时做好仿真检测，若模型有错及时返回修改。

（4）**加工**　加工时，系统将根据切片时设定的每层厚度确定各层的高度位置，按照切片获得的二维平面图形进行加工。每加工完一层，成形平面相对于当前成形位置下降一层，然后继续执行下一层加工，以此类推。在此过程中，只要选择合适的技术参数（如温度、速度、填充密度等），就能确保层与层之间粘连良好，即可保证逐层叠加加工成形。在加工过程中只要系统没有检测到错误，零件一般可以顺利的加工完成。如图 2-1 中④所示为实际加工过程。

（5）**后处理**　零件通过增材制造工艺制造好之后，就需要将零件周边的多余材料清理干净，也要将零件与制造平台分开。成形完成后的零件上会有明显的逐层堆积的纹路，同时也可能存在若干表面缺陷。例如，由材料本身的胀缩导致的微小形变或应力产生的问题，以及由于加工精度原因导致表面粗糙等问题。这些问题都需要通过后处理予以解决。一般的后处理方式有：打磨、浸喷树脂、瞬时高温气流、溶剂蒸汽等。

Inventor 简介视频

## 2.2　三 维 建 模

获得三维模型的方法多种多样，归纳起来大致有三种途径：使用三维绘图软件建立模型、从网络下载模型、使用三维扫描设备扫描获得模型。

（1）**使用三维绘图软件建立模型**　要实现增材制造设备功能最大化，必须具备使用软件建模的能力。所谓功能最大化，就是使用增材制造设备加工新设计的产品，实现设计者的创作意图，而不是一直重复制造同一个零件，或者只能加工成形网上下载的模型。增材制造技术之所以曾称为快速原型技术，并不是因为它的制造速度比传统制造技术快。假如利用已制好的模具，采取注塑、挤塑等传统制造技术，几分钟就可以生产一个塑料产品。而增材制造设备根据模型的大小需要用几个小时到几十个小时不等的时间才能完成。但是，传统制造技术在制造一个新产品之前必须开模，有了模具才可以生产。通常，开模需要花费好几个月，这个时候增材制造设备的几个小时甚至是几十个小时就变得极具吸引力了。因此，使用增材制造设备来完成新产品的设计才是它真正的价值所在。

现有的建模软件较多，如 Creo、3DMax、SolidWorks、Rhino、UG 等都可以绘制三维模型图，只需要最后输出的模型文件格式是 STL 格式即可。计算机辅助设计软件产生的模型文件输出格式有多种，常见的有 IPGI、HPGL、STEP、DXF 和 STL 等，其中 STL 格式为增材制造行业通用的标准文件格式。

Creo 采用了模块化设计，可以分别进行草图绘制、零件制作、装配设计、钣金设计、加工处理等，保证用户可以按照自己的需求进行建模使用。

SolidWorks 软件功能强大，组件繁多，具有功能强大、易学易用和兼容性强三大特点，这使得 SolidWorks 成为领先的、主流的三维建模软件。SolidWorks 还能够用来分析仿真不同的设计方案、减少设计过程中的错误以及提高产品质量。

Rhino 软件可以创建、编辑、分析三维模型，渲染动画与转换线条、曲面、实体与多边形网格，不受精度、复杂程度、阶数或是尺寸的限制。Rhino 软件是一个功能强大的高级建模软件，是三维建模人员容易掌握的、具有特殊实用价值的建模软件。

如今，增材制造设备除了在工业上使用外，在生活中同样具有广泛的应用。诸多增材制造设备企业都希望开拓其他领域的客户，例如模型爱好者、中小学生等。这些人员往往没有学习过专业的绘图技术，工程制图软件对他们来说难度过大。因此，有些软件开发商开始开发简单易学的建模软件，降低三维建模的入门门槛。

Autodesk 公司推出了一款易于上手的三维模型设计软件 uMake，用户可通过触摸屏绘制自己的三维模型，在操作便捷性、界面直观性等方面都有很大的提高。当然，操作者绘图基础差的话，使用它还是会有一定难度。不过，这对于用户仍然是入门级的建模软件，它无须专业的操作知识，很直观、形象地把三维模型展现在用户面前。

**（2）利用网络下载模型** 为了增加用户对增材制造设备的使用能力，不少增材制造设备制造商开始提供模型下载及加工服务。他们会在网上建立一个平台，自己建模或者激励懂得建模的专业人员绘制模型并上传至平台，用户可以直接下载这些模型，用增材制造设备加工出来。有些网站则提供加工服务，为没有增材制造设备的用户提供指定的 3D 模型加工服务。通过这种方式，越来越多的潜在用户发现增材制造的乐趣，开始使用增材制造设备。

**（3）使用 3D 扫描仪获得打印模型** 除了自己绘制模型外，也可以通过三维扫描仪（3D Scanner）等设备来获得模型的三维数据。有人可能会觉得使用增材制造设备加工出一个已有的物品不值得，不如再买一个。这种看法有一定的道理，但是不全然。在医疗领域，医生在手术前会通过医疗设备（例如 X 光 CT 扫描仪）来获知患者体内的病灶情况，提高医生诊断的准确度，但是仍然会存在一些盲点。因此现在许多医院已开始通过增材制造将病灶的实际情况制造成立体模型，更加直观全面地了解患者的情况。利用立体模型准确分析并制定最佳治疗方案，这是医疗技术的一次大进步。

三维扫描是集光、机、电和计算机于一体的高新技术，主要用于对物体空间外形、结构及色彩进行扫描，以获得物体表面的空间坐标参数。得出大量坐标点的集合称为点云

（Point Cloud）。它的重要意义在于能够将实物的立体信息转换为计算机能直接处理的数字信号，创建实际物体的数字模型，为实物数字化提供了相当便捷的手段，如图 2-2 所示为各式各样的三维扫描仪。

图 2-2　各式各样的三维扫描仪

以前人们通过拍照来留住特别的时光，自从有了增材制造技术之后，人门开始复制一个小小的自己的立体塑像来留作纪念。在不少大城市已经开始出现这种 3D 照像馆，成为一种新的时尚。3D 照像馆正是应用了三维扫描仪来获得人体外形的三维数据，如图 2-3 所示。

图 2-3　通过三维扫描仪获得需要的 3D 模型

目前精确的医学整形外科也可以用三维扫描仪快速获取三维数据，用以制作假牙、假肢，以及面部整形、矫正等，如图 2-4 所示。

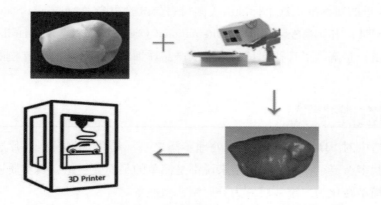

图 2-4　三维扫描仪应用于牙模、假肢、整形、矫正等外科领域

小工艺品建模视频

三维扫描仪价格仍较为昂贵，并且在操作上需要相当的技术知识，不够简易。目前，已经出现了一些简易的三维扫描模块和软件。如谷歌和苹果公司都已将 3D 传感技术引入手机和平板电脑中，只需要一个手机或平板电脑就可以实现三维扫描，但精度和准确性仍待提高。人类社会的广泛需求，必将推动三维扫描仪的迅速发展。

## 2.3 数据处理

### 2.3.1 数据格式

目前为止，大部分增材制造系统中，获得的三维模型都会转换成 STL 的文件格式。这种格式由美国 3D Systems 公司开发，是和当时的成形工艺相配合的一种较为简单的语言，已经成为当前的增材制造技术标准。自 1990 年以来，几乎所有的 CAD/CAM 制造商都在他们的系统中整合了 CAD-STL 界面。STL 格式数据是一种用大量的三角面片逼近曲面来表现三维模型的数据格式。STL 数据的精度直接取决于离散化时三角形的数目。一般地，在 CAD 系统中输出 STL 文件时，设置的精度越高，STL 数据的三角形数目就越多，文件就越大。特别是，面积大的表面需要采用数量较多的三角形逼近，这就意味着弯面部件的 STL 文件可能非常大。

STL 文件格式有很多缺点，在使用小三角形平面来近似接近三维实体的过程中，存在曲面误差，缺失颜色、纹理、材质、点阵等属性。2010 年，一种更完善的 AMF 文件格式开始兴起，逐渐取代 STL，便于打印机固件读取更为复杂、海量的 3D 模型数据。AMF 作为新的基于 XML 的文件标准，打通了 CAD 数据和现代的增材制造技术之间的壁垒。这种文件格式包含用于制作增材制造部件的所有相关信息，包括成品的材料、颜色和内部结构等。标准的 AMF 文件包含 object、material、texture、constellation、metadata 五个顶级元素，一个完整的 AMF 文件至少要包含一个顶级元素。增材制造文件格式（Additive Manufacture File Format，AMF）版本 l.1 是一个改进的新标准。这个标准由美国材料与试验协会（American Society for Testing and Materials，ASTM）和国际标准组织（International Organization for Standardization，ISO）于 2013 年联合推出。它解决了日益增长的可提供产品详细特性的合规且可互换的文件格式的需求。

### 2.3.2 三维模型的切片处理

分层切片是增材制造中对 STL 模型最主要的处理步骤之一。切片是将模型以片层的方式来描述，无论模型形状多么复杂，对于每一层来说都是简单的平面矢量组，其实质还是一种降维处理，即将三维模型转化为二维片层，为分层制造做准备。

**（1）成形方向的选择** 将工件的三维 STL 格式文件输入增材制造设备后，可以在增材制造设备中操作文件的三维模型，使模型旋转，从而选择不同的成形方向。不同的成形方向会对工件品质（精度、表面粗糙度、强度等）、材料成本和制造时间产生很大的影响。

1）成形方向对工件品质的影响。一般而言，无论哪种增材制造方法，由于不易控制工件 Z 方向的翘曲变形，工件的 XY 方向的精度会比 Z 方向更易保证。故应该将精度要求较高的轮廓（如轴、孔等）尽可能放置在 XY 平面。

具体地说，对 SLA 工艺，影响精度的主要因素是台阶效应、Z 向尺寸超差和支撑结构的影响。对于 SLS 工艺，无基底支撑结构，使得具有大截面的部分容易卷面，从而会导致歪扭和其他问题。因此，影响其精度的主要因素是台阶效应和基底的卷面，应避免成形大截面的基底。对于 FDM 工艺，为提高成形精度，应尽量减少斜坡表面的影响，以及外支撑和外伸表面之间的接触。对于 LOM 工艺，影响精度的主要因素是台阶效应和剥离废料导致工件变形的问题。

对于工件的强度，由于无论哪种增材制造方法，都是基于层层材料叠加的原理，每层内的材料结合要比层与层之间的材料结合得更好，因此，工件的横向强度往往高于其纵向强度。

2）成形方向对材料消耗量的影响。不同的成形方向导致材料的消耗量不同。对于需要外支撑结构的增材制造，如 SLA 和 FDM，材料的消耗量应包括制造支撑结构材料。总材料消耗量还取决于原材料的回收和再使用情况。对于 SLS 工艺，由于工件的体积是恒定的，成形时未烧结的原材料可回收再使用。因此，无论什么成形方向所需的材料几乎都相同。对于 LOM 工艺，由于其废料部分不能再用于成形，因此，材料消耗量与不同成形方向时产生的废料量有很大关系。

3）成形方向对制造时间的影响。工件的成形时间由前处理时间、分层叠加成形时间和后处理时间三部分构成。其中，前处理是成形数据的准备阶段，通常只占总制造时间的很小部分。因此，可以不考虑因成形方向的改变所导致前处理时间的变化。后处理的时间取决于的复杂程度和所采用的成形方向。对于无支撑结构的成形，后处理时间可以看作与成形方向无关。而当需要支撑结构时，后处理时间与支撑的多少有关，因此与成形方向有关。成形的时间及层与层之间处理时间之和，随着成形方向而变化。

对于需要支撑结构的成形，不同的工件成形方向可能导致不同的支撑结构的数量，继而影响成形时间。如图 2-5a 所示工件，可有图 2-5b、c 和 d 三种成形方向，当采用不同的工艺时，对各种指标的影响分析如下：

对于 SLA 工艺，优化的成形方向如图 2-5b 所示，采取这种成形方向时，支撑结构少，材料成本低。

对于 FDM 工艺，优化的成形方向如图 2-5b 所示。

对于 LOM 工艺，优化的成形方向如图 2-5c 所示。采取这种成形方向时，工件的成形高度小，材料成本低。

对于 SLS 工艺，优化的成形方向如图 2-5d 所示。这是因为，虽然图 2-5b 和图 2-5c 所示的成形方向所用材料成本相同，但按图 2-5d 所示方向成形时高度小，层数少，因此成形时间短；无大截面的基底，防止了大截面的基底成形时的卷面，因此工件的精度较高。

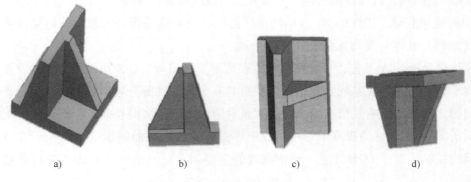

a)        b)        c)        d)

图 2-5 成形方向选择

**（2）增材制造中的主要切片方式**

1）STL 切片。1987 年 3D System 公司结合当时计算机技术软硬件水平，参考有限元（Finite Elements Method，FEM）单元划分和 CAD 模型着色的三角化方法，开发了 STL 文件格式。多年来，这种对任意曲面 CAD 模型的表面进行小三角形平面近似，并由此建立了从近似模型中进行切片获取截面轮廓信息的统一方法，一直被行业接受并沿用至今。多年以来，STL 文件格式受到越来越多的 CAD 系统和快速成形（Rapid Prototyping，RP）设备的支持，成为快速成形行业所应用的标准文件类型，极大地推动了快速成形技术的发展。

切片就是将几何体与一系列平行平面求交，切片的结果将产生一系列实体截面轮廓。切片算法取决于输入几何体的表示式。STL 格式用小三角形平面近似实体表面，这种表示法最大的优点就是切片方法简单易行，只需依次与每一个三角形求交即可。在获得交点后，可以根据一定的规则，选取有效顶点组成边界轮廓环。获得边界轮廓后，按照外环逆时计、内环顺时针的方向描述，为后续扫描路径生成的算法处理做准备。

但是 STL 文件存在如下问题：数据冗余，文件庞大，缺乏拓扑信息，容易出现悬面、悬边、点扩散、面重叠、孔洞等错误，诊断与修复困难；用小三角平面来近似一曲面，存在面误差；大型 STL 文件的后续切片将占用大量的时间；当 CAD 模型不能转化成 STL 模型或者转化后存在复杂错误时，重新造型将使快速原型的整体制造时间与成本增加。正是由于这些原因，不少学者发展了其他切片方法。

2）容错切片。容错切片（Tolerate-errors Slicing）直接在二维层次上进行修复，基本上避开 STL 文件三维层次上的纠错问题。由于二维轮廓信息十分简单，并具有闭合性、不相交的简单约束条件，特别是对于一般机械零件实体模型而言，其切片轮廓多为简单的直线、圆弧、低次曲线组合而成，因而能容易地在轮廓信息层次上发现错误。依照以上多种条件信息，进行多余轮廓去除、轮廓断点插补等操作，可以切出正确的轮廓。对于不封闭轮廓，采用评价函数和裂纹跟踪处理，在一般三维实体模型随机去掉 10% 三角形的情况下，都可以切出有效的边界轮廓。

3）适应性切片。适应性切片（Adaptive Slicing）根据零件的几何特征来决定切片的层厚，在轮廓变化繁杂的地方采用小厚度切片，在轮廓变化平缓的地方采用大厚度切片，与统一层厚切片方法比较，可以减小 $Z$ 轴误差、阶梯效应与数据文件的长度。如图 2-6 所示为适应性切片举例，以用户指定误差（或尖锋高度）与法向矢量决定切片层厚，可以有效处理具有平面区域、尖锋、台阶等几何特征的零件。

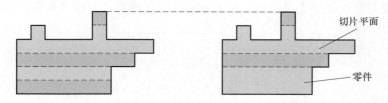

图 2-6　适应性切片举例

4）直接适应性切片。直接适应性切片（Direct & Adaptive Slicing）利用适应性切片思想从 CAD 模型中直接切片，可以同时减小 $Z$ 轴和 $XY$ 平面方向的误差。

5）直接切片。在工业应用中，保持从概念设计到最终产品的一致性是非常重要的。在很多案例中，原始 CAD 模型可以精确表示了设计意图，但 STL 文件会降低模型的精度。而且，使用 STL 格式表示方形物体精度较高，表示圆柱形、球形物体精度较差。对于特定的用户，生产大量高次曲面物体，使用 STL 格式会导致文件巨大，切片费时，迫切地需要抛开 STL 文件，直接从 CAD 模型中获取截面描述信息。在加工高次曲面时，直接切片（Direct Slicing）明显优于 STL 方法。相比较而言，采用原始 CAD 模型进行直接切片具有如下优点：①能减小增材制造的前处理时间；②可避免 STL 格式文件的检查和纠错过程；③可降低模型文件的规模；④能直接采用增材制造数控系统的曲线插补功能，从而可提高工件的表面质量；⑤能提高制件的精度。

通过对利用商用建模软件进行的直接切片研究，可以从任意复杂三维 CAD 模型中直接获取分层数据，将其存储于 PIC 文件中，作为增材制造系统的连接中介。然后驱动增材制造系统工作，完成制件加工过程。直接切片工作流程如图 2-7 所示。

图 2-7　直接切片工作流程

直接切片工作流程由 AutoSection 软件和 PDSlice 软件共同完成，以 PIC 文件作为中间接口。AutoSection 软件完成从任意模型中提取二维截面轮廓信息，生成直接切片 PIC 文件；PDSlice 软件则是相应的增材制造数据处理软件，对 PIC 文件进行解析，控制增材制造系统完成模型加工过程，它可用于 SLA、LOM、SLS、FDM 等分层制造工艺中。但直接切片的软件并不成熟，目前还处于不断改进中。

### 2.3.3 支撑结构

增材制造将三维实体模型分为若干二维平面逐层堆积，已成形部分将为未成形部分提供支撑。但当未成形的轮廓超出临界已成形轮廓范围时，将形成"悬空"结构。悬空区域由于下方无支撑，离散材料难以堆积甚至无法成形。为此，针对悬空结构一般需要人为地添加支撑结构，以克服其成形难题，如图2-8所示。目前，大多数增材制造工艺均需添加支撑，且不同工艺往往需要不同的支撑类型。下面分别介绍几种典型支撑及其特点。

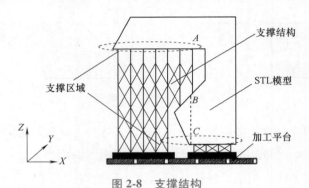

图 2-8 支撑结构

**（1）柱状支撑** 柱状支撑主要用于基于粉末床的成形过程中，柱状支撑的主要作用体现在：

1）承接下一层未成形粉末层，防止能量源扫描到过厚的金属粉末层，发生塌陷。

2）抑制成形过程中由于受热及冷却产生的应力收缩，保持制件的应力平衡。由于成形过程中粉末受热熔化冷却后，内部存在收缩应力，导致零件发生翘曲现象。支撑结构连接已成形部分与未成形部分，可有效抑制收缩，使制件保持应力平衡。

3）连接上方新成形部分，将其固定，防止其发生移动或翻转。

**（2）块体支撑** 基于挤出成形的增材制造技术，例如FDM技术，在自由状态下，从喷嘴中挤出的丝的形状应该是呈与喷嘴形状一样的圆柱形。但在FDM工艺成形过程中，挤出的丝要受到喷嘴下端面和已堆积层的约束，同时在填充方向上还受到已堆积丝的拉伸作用。因此，挤出的丝应该是具有一定宽度的扁平形状的块体。

**（3）网格支撑** 网格支撑主要用于光固化（Stereo Lithography Apparatus，SLA）成形中。SLA对支撑结构的要求，首先是要能将制件的悬臂部位支撑起来，其次是支撑与制件共同构成的结构要易于液态树脂的流出，且支撑要尽可能少，在制件制造完成之后要易于去除。网格支撑是生成很多大的垂直平面，它们是由网格状的 $X$、$Y$ 方向的线段向 $Z$ 方向生长而形成的三维状垂直平面。网格支撑的边界是由分离出来的轮廓边界进行轮廓收缩（即光斑补偿）得来的。网格支撑与实体零件为锯齿状接触，可以分别设置锯齿高度、锯齿宽度和锯齿间隔。

在网格支撑中，增加锯齿高度有助于固化树脂的流动，并能减少边缘固化的影响。减少锯齿宽度会使锯齿的三角部分变得细长，易于去除支撑，不过如果宽度太小则块状部分与锯齿部分过渡急促，容易被刮板刮走锯齿部分。因为网格支撑的锯齿在与实体的接触部分都是以点接触，那么由于刮板的运动，在加工实体第一层时会由于与支撑连接的不是很紧密而被刮走使加工失败。所以应设计一个嵌入的深度，使网格支撑锯齿的三角部分顶点嵌入进实体一个设定值，使锯齿与实体线接触从而有利于加工，如图 2-9 所示。

网格支撑生成算法简单，对增材制造设备的硬件要求不高，特别是对于低成本设备，如不采用激光器而是以紫外光作为光敏树脂的诱发光源的 SLA 设备，其是以面光源来照射到树脂表面，因此在支撑设计时特别适合使用网格支撑来实现支撑功能，如图 2-10 所示。

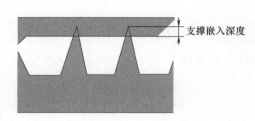

图 2-9　网格支撑嵌入结构

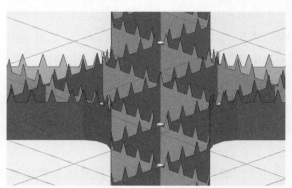

图 2-10　网格支撑结构

## 2.3.4　增材制造系统软件

增材制造（AM）系统软件从开发厂商和功能侧重点上来看主要可分为两种：独立的第三方增材制造软件和增材制造系统制造商开发的专用增材制造软件。

**（1）独立的第三方增材制造软件**　国外涌现出了很多作为 CAD 与增材制造系统之间的桥梁的第三方软件。这些软件一般都以常用的数据文件格式作为输入/输出接口，输入的数据文件格式有 STL、IGES、DXF、HPGL、CT 等切片文件。以下介绍一些比较著名的第三方接口软件。

BridgeWorks 由美国的 SolidConcept 公司在 1992 年推出，经不断改进，现已发展到 4.0 版以上。该软件可通过对 STL 文件特征进行分析，自动添加各种支撑。

SolidView 由美国的 SolidConcept 公司在 1994 年推出，可以在 Window3.1、Window95、WindowNT 操作系统下进行 STL 文件的线框和着色显示，STL 格式模型的旋转、缩放等工作。

STL Manzger 由美国的 PCGO 公司于 1994 年推出，主要用于 STL 文件的显示和支撑的添加。

StlView 是由美国的软件工程师 IgorTebelev 在业余时间所写的软件，现已发展到 9.0 版。它可从网上免费下载并使用两周，同 SolidView 类似，该软件可用于 STL 文件的显示和变换，同时它还有错误修复、添加支撑等功能。

Surfacer-RPM 是由美国的 ImagewareN V 公司在 1994 年为其 Surfacer 软件增加的用于增材制造数据处理的模块。

MagicsRP 是由比利时 MaterialiseN V 公司推出的基于 STL 文件的通用增材制造数据处理软件，广泛应用在增材制造领域，是当今最具有影响力的第三方增材制造软件。主要包括以下功能：

1）STL 文件的显示、测量、编辑、纠错和切片。

2）切片轮廓的正确性验证，模型各个部件间的冲突检测。

3）布尔运算（包括拼接、任意剖分、添加导流管等功能）。

4）模型加工时回预测、报价（依赖特定的增材制造设备）。

5）模型的镂空，三维偏置。

6）对 STL 模型添加 FDM、SLA 工艺要求的支撑结构。

MagicsRP 还提供了一系列可选的外挂模块，如 Tooling Module、Tooling Expert Module、Volume Support Generation（Volume SG）Module、CTools and Slice Module、IGtoSTL&VDtoSTL Module 等。这些模块能实现诸如切削加工、铸造的分模面处理，SLC、IGES、VDA 文件格式转换等针对特定需求的功能。

MagicsRP 软件设计成熟、功能强大，但它的价格昂贵。并且 MagicsRP 作为一个通用全功能软件，操作复杂，应用在增材制造设备上并不方便，也没有中文界面的版本，这些都限制了其在我国的进一步应用。

**（2）增材制造系统制造商开发的专用增材制造软件**　增材制造系统制商开发的专用增材制造软件是针对特定的增材制造设备开发的专用增材制造的数据处理及数控加工的软件，这类软件整合了增材制造所需要的全部功能。针对增材制造设备操作人员进行开发，因而操作非常简单，并能根据硬件设备的特点对增材制造数据和控制流程进行优化，确保设备的加工效率。

国内外的主要大型增材制造系统生产商一般都开发了自己的数据处理软件，如 3D Systems 公司的 ACES、QuickCast 软件，Helisys 公司的 LOMSlice 软件，DTM 公司的 Rapid Tool 软件，Stratasys 公司的 QuickSlice、SupportWorks、AutoGen 软件，Cubital 公司的 SoliderDFE 软件，SanderPrototy 公司的 ProtoBuild 和 ProtoSupport 软件，华中科技大学快速制造中心独立研发的 PowerRP 软件则是一个基于 HRP 系列增材制造机的增材制造数据处理及数控加工软件。

开发专有软件的主要缺点在于：增材制造软件的开发需要很高的专业水平，要耗费大量的财力和时间，而且并不是每一家增材制造设备厂家都有足够的能力和资源来开发符合自己要求的高质量增材制造软件。现在国外出现了增材制造的设备生产商购买第三方数据接口软件的趋势。例如，3D Systems 公司与 Imageware 公司合作，采用 Imageware 增材制造的一系列模块作为 3D Systems 的 SLToolkit 软件；而 SandersPrototype 公司也采用了 STL-manager 作为自己的数据接口软件。另外，德国的 F&S 公司也购买了 Magics 软件的部分模块。

## 2.4　材料的选择

增材制造技术对材料在形状和性能方面都有不同的要求。不同的制造方法对应的成形材料的形状不同，不同的成形制造方法对成形材料性能的要求也是不同的，见表 2-1。根据目前较为常用的增材制造材料种类来看，根据材料的化学成分分类，可分为：塑料材料、金属材料、陶瓷材料、复合材料、生物医用高分子材料等；根据材料的物理形状分类，可分为：丝状材料、粉体材料、液体材料、薄片材料等。

表 2-1　常用于增材制造各种工艺的材料

| | 非结晶 | 半结晶 | 热固性 | 材料挤出 | 光固化 | 材料喷射 | 粉末床熔融 | 3DP | 薄片层叠 | 定向能量沉积 |
|---|---|---|---|---|---|---|---|---|---|---|
| ABS（丙烯腈、丁二烯、苯乙烯） | √ | | | √ | | | | | | |
| 聚碳酸酯 | √ | | | √ | | | | | | |
| PC/ABS 混合 | √ | | | √ | | | | | | |
| PLA（聚乳酸） | √ | | | √ | | | | | | |
| 聚醚酰亚胺（PEI） | √ | | | √ | | | | | | |
| 丙烯酸树脂 | | | √ | | √ | √ | | | | |
| 丙烯酸酯 | | | √ | | √ | √ | | | | |
| 环氧树脂 | | | √ | | | | | | | |
| 聚酰胺（尼龙）11 和 12 | | √ | | | | | √ | | | |
| 纯树脂 | | √ | | | | | √ | | | |
| 玻璃填充 | | √ | | | | | √ | | | |
| 填充碳 | | √ | | | | | √ | | | |
| 金属（Al）填充 | | √ | | | | | √ | | | |
| 聚合物结合 | √ | √ | | √ | | | | | | |
| 聚苯乙烯 | √ | | | | | | √ | | | |
| 聚丙烯 | | √ | | | | | √ | | | |
| 聚酯（Flex） | | | | | | | √ | | | |
| 聚醚醚酮（PEEK） | | √ | | √ | | | √ | | | |
| 热塑性聚氨酯 | | | | √ | | | √ | | | |
| 巧克力 | | √ | | √ | | | | | | |
| 纸 | | | | | | | | | √ | |
| 铝合金 | | | | | | | √ | √ | √ | √ |
| Co-Cr 合金 | | | | | | | √ | | | |
| 金 | | | | | | | √ | | | |
| 镍合金 | | | | | | | √ | | | √ |
| 银 | | | | | | | √ | | | |
| 不锈钢 | | | | | | | √ | √ | √ | √ |
| 钛（工业纯度） | | | | | | | √ | √ | √ | √ |
| Ti-6Al-4V | | | | | | | √ | | | √ |
| 工具钢 | | | | | | | √ | √ | | |

注：√——表示各工艺中可选用的材料。

## 2.4.1 材料类型

### 1. 塑料材料

塑料是以合成树脂或化学改性的天然高分子为主要成分，再加入填料、增塑剂和其他添加剂制得，在一定条件（温度、压力等）下可塑成一定形状并且在常温下保持其形状不变的材料。塑料可分为热塑性塑料和热固性塑料。加热后软化，形成高分子熔体的塑料称为热塑性塑料；加热后固化，形成交联的不熔结构的塑料称为热固性塑料。

**(1) 热塑性塑料** 热塑性聚合物常在材料挤出和粉末床熔融工艺中使用。虽然两种工艺都涉及热层黏附，但使用的机理不同。无定形热塑性塑料最适合材料挤出，而半结晶聚合物通常被用于粉末床熔融。

1）用于材料挤出的热塑性塑料。对于材料挤出工艺，因其熔体特性，应优选非晶态热塑性塑料。这些聚合物，普遍包括 ABS 和 PLA，在较宽的温度范围内软化到熔融温度，形成了适用于在 0.2~0.5 mm 直径的喷嘴中挤出的高黏度材料。

材料挤出工艺需要通过后处理去除支撑。支撑通常有两种形式：第一种形式是采用相同材料制成低强度的网络结构与零件连接；第二种是较复杂的形式，通过双头系统采用蜡基或乙烯醇（PVA）材料制成支撑体，在后处理阶段，通过熔化或溶解去除支撑。PVA 是用于 PLA 模型材料的水溶性支撑材料。通常，在挤出材料的堆积层之间会存在空隙，使得挤出材料力学性能变差，并且存在各向异性效应。

2）用于粉末床熔融的热塑性塑料。粉末床熔融使用激光熔化大部分半结晶粉末原料。用于粉末床熔融的最受欢迎的半结晶材料聚酰胺 12（尼龙）的熔融反应如图 2-11 所示，它的熔点比结晶温度高约 35℃。通过将增材制造温度设置在这两个温度点之间，被激光熔化的材料会保持熔融并与周围未熔化的粉末处于热平衡，最终在构建后均匀地发生重结晶，从而降低残余应力。

由于有四周的粉末能起到一定的支撑作用，因此塑料在粉末床熔融过程中不需要设计支撑部件，构建的模型可以包括多个嵌套结构，可通过调整工艺参数或者增加后处理工序，来获得致密度较高的零件。

当需要控制零件的性能和结构，且超出了材料的固有热特性时，原材料制备就比较复杂。可以通过将不混溶聚合物耗散、低温研磨或共挤等方式来制备。粉末床熔融原料特性的相互依赖关系如图 2-12 所示。

现列举几种在增材制造中常用的热塑性材料的性能特点。

1）ABS。ABS 是一种用途极广的热塑性材料。它是丙烯腈、丁二烯和苯乙烯的三元共

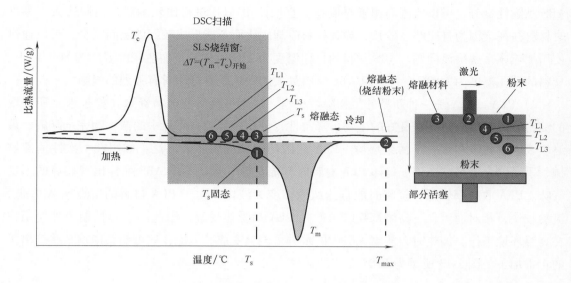

图 2-11　半结晶聚酰胺 12 的熔融反应

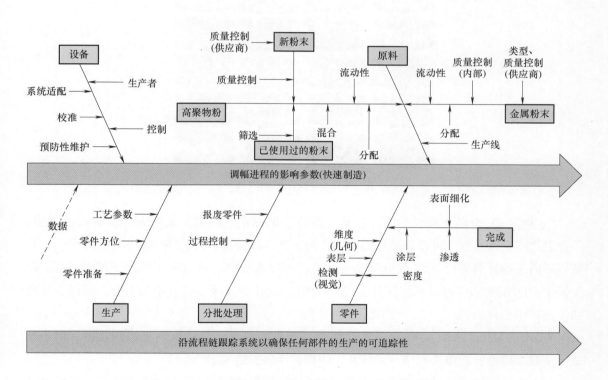

图 2-12　粉末床熔融原料特性的相互依赖关系图

生物，A 代表丙烯腈，B 代表丁二烯，S 代表苯乙烯。ABS 材料具有抗冲击性、耐热性、耐低温性、耐化学药品性，且电气性能优良，还具有易加工、制品尺寸稳定、表面光泽性好、颜色多样等特点，一般用于机械、汽车、电子电器、仪器仪表、纺织和建筑等工业领域。

ABS 黏附性良好，可以实现高速增材制造。直接使用 ABS 材料比较困难，在制造大型零件时材料往往会因为打印路径较长，导致材料冷却固化而不能形成较好的层间结合，可以通过使用加热床来解决该问题。ABS 材料的打印温度为 210~240℃，加热床的温度为 80℃以上，材料的软化温度为 105℃左右。但 ABS 材料最大的缺点就是打印时有强烈的气味。

2）PLA。PLA 是一种新型的生物降解材料，使用可再生的植物资源（如玉米）所提取的淀粉原料制成。它具有良好的生物可降解性，使用后能被自然界中的微生物完全降解，最终生成二氧化碳和水，不污染环境。PLA 在医药领域应用非常广泛，如用在一次性输液器械、手术缝合器械制造等。打印 PLA 材料时有棉花糖气味，不像 ABS 那样出现刺鼻的不良气味。PLA 收缩率较低，打印时能直接从固体变为液体。由于 PLA 材料的熔点比 ABS 低，流动较快，相对而言，不易堵塞喷嘴。但是 PLA 易受热受潮，因此不适合长期户外使用或在高温环境工作。加热时，从空气吸收的水分可能会变成蒸汽泡，这可能会影响某些挤出机的正常加工。图 2-13 所示为 FDM 工艺的耗材。

图 2-13　FDM 工艺的耗材

3）PC。PC 全名为聚碳酸酯，它具有耐热、抗冲击、阻燃、无味无臭、对人体无害、符合卫生安全等优点，可作为最终零部件使用。PC 材料的强度比 ABS 材料高出约 60%，具备较高的工程材料属性。PC 的冷凝性明显超过 ABS 和 PLA，所以使用加热床势在必行。温度高于 60℃的加热床可以克服其分层问题。同时，PC 容易吸收空气中的水分，可能会导致加工过程中出现问题。

4）ABS-M30i。ABS-M30i 是一种高强度且无毒的材料，通过生物相容性认证，用于制造医学概念模型、功能性原型、工具及生物相容性的最终零部件。

5）PA（聚酰胺）。PA 在商业上普遍被称为尼龙。在市场上可以找到不同种类的聚酰胺与其他物质的混合物。制件具有柔韧性和耐磨性。与 ABS 和 PLA 不同，PA 脆性低，因此强度较高。作为半结晶热塑性材料，PA 在每个单层沉积后冷却时比其他材料收缩更多。由于这个原因，它比 ABS 和 PLA 更容易弯曲。

6）PEEK。PEEK 聚醚醚酮是一种性能比较优异的半结晶热塑性塑料，具有高强度、耐热、耐水解、耐化学性能好以及环保无毒等优点。PEEK 对侵蚀性环境具有化学抗性，这一性能为医疗和食品接触应用领域提供了更持久和可消毒的材料。更为重要的是，这种材料可以通过医学认证，直接用在人工假体和植入体的个性化制造。缺点是成本过高，不适合大规模应用，而且打印温度过高，需要 340℃。

**（2）热固性塑料**　加热后固化，形成交联的不熔结构的塑料称为热固性塑料。在热固性塑料中典型代表是光敏树脂，它由光引发剂和树脂（低聚物、稀释剂及少量助剂）两大部分组成。

增材制造中使用的典型光聚合物材料由树脂、低聚物、光引发剂和各种其他添加剂组成，这些添加剂包括抑制剂、染料、消泡剂、抗氧化剂、增韧剂等，它们能有助于调整光聚合物的特性。首先被用于增材制造的光聚合物是紫外光（UV）引发剂和丙烯酸酯的混合物，聚乙烯醚是早期使用的另一类树脂，但是丙烯酸酯和聚乙烯醚树脂的收缩率较大（5%~20%），当零件采用分层制造时，会导致零件内部的残余应力积累，从而引起零件产生明显的翘曲。丙烯酸酯树脂的另一个缺点是它们的聚合反应容易被大气中的氧气所抑制。在 90 年代初期采用环氧树脂来解决这些缺点，它给增材制造工艺带来了巨大变革的同时使树脂的配方更加复杂。

商业增材制造用树脂是丙烯酸酯、环氧树脂和其他低聚物材料的混合物。丙烯酸酯倾向于快速反应，而环氧树脂为零件提供强度和韧性。丙烯酸酯属于自由基聚合，而环氧树脂以阳离子聚合来形成聚合物。两种类型的单体彼此不反应，但它们混合后，会反应形成互穿聚合物网络（IPN）。IPN 是一类特殊类型的聚合物，其中两种聚合物通常为网络形式，其最初是由两个并行反应而不是简单的机械混合过程产生的。

丙烯酸酯和环氧树脂在固化过程中相互影响。丙烯酸酯的反应将增强感光速度，降低环氧反应的能量需求。此外，丙烯酸酯单体的存在可以降低湿度对环氧聚合的抑制作用。另一方面，在丙烯酸酯单体的早期聚合期间，环氧单体可作为增塑剂；当环氧树脂仍处于液体阶段时丙烯酸酯已生成网络结构。这种增塑效应，通过增加分子迁移率，可以有利于链增长反应。最终，丙烯酸酯发生了更广泛的聚合反应，导致它与纯丙烯酸酯单体相比具有更高的分子量。此外，由于环氧聚合所导致的黏度上升，混合体系中的丙烯酸酯表现出对氧不敏感，这就不会使大气中的氧扩散到材料中来。增韧剂经常用于商业树脂中以改善零件的力学性能，这种增韧剂可以是反应性的或非反应性的，并且可以以液体或颗粒形式存在。

光敏树脂一般为液态，可用于制造高强度、耐高温、防水材料。目前，研究光敏树脂增材制造技术的有美国的 3D Systems 和 Stratasys 公司。3D Systems 和 Stratasys 公司占据了绝大部分增材制造光敏树脂的市场，他们将这种树脂作为核心专利加以保护且与设备捆绑销售。

1）3D Systems 公司的光敏树脂。如表 2-2 所示，3D Systems 公司的 Accura 系列光敏树脂应用范围较广，几乎所有的 SLA 工艺都可使用，另外一款光敏树脂是基于喷射技术的

VisiJet 系列。

表 2-2　3D Systems 公司的 Accura 系列光敏树脂（部分）

| 材料型号 | 材料类型 | 特点 |
|---|---|---|
| Accura 25 | 制模聚丙烯材料 | 柔软精准、富有美感的制模聚丙烯材料 |
| Accura 48HTR | 抗温抗湿塑料 | 用于要求抗温度和湿度的塑料 |
| Accura 55 | 制模 ABS 塑料 | 精细美观，性能优良。Accura 55 材料黏度低，零部件的清洁和加工便捷，材料成形率高，可大大提升零件加工的效率和质量 |
| Accura 60 | 制模聚碳酸酯塑料 | 聚碳酸酯（PC）制模的塑料具有超高的清晰度，可用于制造汽车车灯和其他汽车零部件，也适用于熔模铸造 |
| Accura e-Stone | 耐久牙科制模材料 | 制造牙科模型 |
| Accura Sapphire | 珠宝设计生产材料 | 是新型增材制造材料，用于珠宝设计和大批量生产 |
| Accura Bluestone | 工程纳米复合材料 | 精密稳定的工程纳米复合材料，用于制造高性能零部件 |
| Accura CastMAXTM Composite | 刚性陶瓷增强复合材料 | 刚性陶瓷增强复合材料，具有优良的耐热性、耐磨性 |

2）Stratasys 公司的光敏树脂。Stratasys 公司的光敏树脂材料有三大类实体材料和一种支撑材料。实体材料有 Vero 系列光敏树脂、FullCure705 水溶性高分子材料及其他助剂。光固化支撑材料也是光敏树脂，目前 Stratasys 公司开发的 Eden 系列的 3D 打印机，使用液态的光敏树脂作为支撑材料，并利用紫外光固化，最后用水枪去除支撑材料。Stratasys 公司还推出了基于 PolyJet 技术的"数字材料"，通过调整不同的材料比例可使生产出来的零件具有不同的材料特性。

### 2. 金属材料

金属粉末是粉末床熔融（PBF）和直接能量沉积（DED）等增材制造工艺中用于制造优质金属部件的主要原材料。在 DED 工艺中也可以使用金属丝进料代替粉末进料。同时金属粉末还可使用材料喷射（MJP）工艺生产金属部件。采用该工艺制造零件需要用较低熔点的金属（例如黄铜）进行炉膛烧结或渗透，以获得致密的金属部件。

常见的增材制造商用金属材料包括纯钛、Ti6Al4V、316L 不锈钢、17-4PH 不锈钢、18Ni300 马氏体时效钢、AlSi10Mg、CoCrMo、镍基超级合金 Inconel 718 和 Inconel 625。随着新技术的不断创新，可用的金属材料范围越来越广。贵金属如金、银和铂，已经通过 3D 打印消失蜡模进行间接制造，也可采用 PBF 工艺进行直接制造。当涉及熔融时，金属需要具有可焊接或可铸造的特点，以便采用增材制造工艺进行制造。金属增材制造过程中，加工产生的较小的移动熔池明显小于最终零件的尺寸，这一局部热影响区与较大且温度较低的未加工区域直接接触，导致了较高的温度梯度，从而产生较大的热残余应力和非平衡微观结构。采用粉末供料时，对于 PBF 和 DED 这两种工艺来说，其粉末原料应选择不同尺寸范围的球形颗粒，后者往往对原料的尺寸、质量不太敏感。丝材也是某些 DED 工艺的适用材料，它会产生比基于粉末供料更大的熔池，可以实现更高的生产率。

金属增材制造制品因可以应用在航空航天、汽车工业、生物医学等高端领域，受到广泛的重视。目前，可用于金属增材制造的粉末材料还是存在价格高、品种少、产业化程度还很低的问题。在金属增材制造工艺中，对材料的要求较为严格，传统粉末冶金用的金属材料还不能完全满足于该类工艺要求，用于金属增材制造的粉末除了应具备良好的可塑性外，还应满足流动性好、粉末颗粒细小、粒度分布较窄、含氧量低等要求。

目前，有能力制造金属打印专用粉末的制造商有美国的 Sulzer Metco、瑞典的 Sandvik、Hoganas Digital Metal、英国的 LPW、意大利的 Legor Group 等公司。可提供钴铬合金、不锈钢、钛合金、模具钢、镍合金等金属增材制造材料。表 2-3 是增材制造用金属材料的种类和主要用途。

表 2-3　增材制造用金属材料的种类和主要用途

| 金属种类 | 主要合金和编号 | 主要用途 |
| --- | --- | --- |
| 钢铁材料 | 不锈钢（304L、316L、630、440C）、马氏体时效钢（18Ni）、工具钢、模具钢（SKD-11、M2、H13） | 医疗器材、精密工具、成型模具、工业零件、文艺制品 |
| 镍基合金 | 高温合金（IN625、IN718） | 涡轮、航天零件、化工零件 |
| 钛与钛基合金 | 钛金属（CPT）、钛合金（Ti-6Al-4V 合金）、Ti-Ni 合金 | 热交换器、医疗植入体、化工零件、航天零件 |
| 钴基合金 | Co-Gr 合金、Co-Cr-Mo 合金 | 牙冠、骨科植入体、航天零件 |
| 铝合金 | AlSi10Mg、AlSi12、Scalmalloy（AlMgScZr） | 自行车、航天零件 |
| 铜合金 | 青铜（Cu-Sn 合金）、Cu-Mg-Ni 合金 | 成型模具、船用零件 |
| 贵金属 | 18K 金、14K 金、Au-Ag-Cu 合金 | 珠宝、文艺制品 |
| 其他特殊金属 | 非晶合金（Ti-Zr-B 合金）、液晶合金（Al-Cu-Fe 合金）、多元高熵合金、生物可分解合金（Mg-Zn-Ca 合金） | 仍在开发研究阶段，主要用于工业零件、精密模具、汽车零件、医疗器材等 |
| 导电墨水 | Ag 等 | 电子器件 |

粉末制备方法按照制备工艺可分为机械法和物理化学法两大类。物理化学法包括还原、沉淀、电解和电化腐蚀四类；机械法主要有研磨、冷气体粉碎以及气雾化法等，其中气雾化制粉最适合用于增材制造的金属粉末的制造。气雾化法技术诞生于 19 世纪末至 20 世纪初，经过不断的发展，现已经成为生产高性能金属及合金粉末的主要生产方法。表 2-4 是 EOS 公司的增材制造金属材料与应用场合。

表 2-4  EOS 公司的增材制造金属材料与应用场合

| 材料名称 | 特性 | 典型应用 | 应用零件图 |
|---|---|---|---|
| MaragingSteel MS1 | 高强度钢，适用于注塑模具、工程零件 | 注塑模具 | |
| StainlessSteel GP1 | 具有良好的耐蚀性及力学性能 | 导弹模型 | |
| StainlessSteel PH1 | 高强度和韧性 | 航空航天零配件 | |
| NickelAlloy IN718 | 高耐热性、高耐蚀性以及抗高温特性 | 固定环，涡轮发动机零配件 | |
| CobaltChrome MP1 | 具有优良的力学性能、高耐蚀性以及抗高温特性 | 膝关节植入体 | |
| Titanium Ti64 | 材料比重非常小、质量轻，而且具有非常好的力学性能以及耐蚀性 | 钛合金航空件 | |
| Aluminium AlSi10Mg | 良好的浇铸性能，高强度、高硬度并且动态特性高 | 功能性原型件 | |

（续）

| 材料名称 | 特性 | 典型应用 | 应用零件图 |
|---|---|---|---|
| DireetMetal 20 | 良好的力学性能、优秀的细节表现及表面质量、易于打磨、良好的收缩性 | 叶轮原型件 | |

### 3. 陶瓷材料

陶瓷材料是用天然或合成化合物经过成形和高温烧结制成的一类无机非金属材料，具有高熔点、高硬度、高耐磨性以及耐氧化等优点，在航空航天、汽车、生物领域有着广泛应用。但由于陶瓷具有高熔点和低韧性的特性，很难直接应用在增材制造工艺中。在大多数情况下，直接采用陶瓷进行增材制造会因温度变化而导致较多裂纹的产生。缓解裂纹的方法包括工艺参数优化、添加辅助设备（超声波、热、磁）和掺杂增韧剂等。陶瓷的间接增材制造工艺需要使用某种形式的粘结剂，将增材制造工艺加工完成之后的部件粘结在一起。除直接能量沉积外，许多增材制造工艺都已经被用于间接制造陶瓷零件，如早期研究的基于材料挤出的工艺，包括熔融沉积和自动铸造工艺。在 90 年代中期，叠层实体制造方法被用于加工氧化铝、氧化锆、碳化硅和氮化硅。早期另一种方法是将细陶瓷颗粒（通常为氧化铝或氮化硅）混合到光敏树脂中。颗粒必须很细，以便制成不沉降的悬浮液。它必须具有近似聚合物树脂的折射率，以防止产生不必要的衍射。最后，为了保持树脂的可流动黏度，固体含量必须小于 50%。

通常，用于间接增材制造陶瓷工艺的粘结剂在零件中存在的时间很短，它将会在后处理步骤中被转化或除去，使得零件最终只有纯陶瓷或陶瓷基复合材料。将混合粉末、粘结剂和浆料采用粉末床融熔工艺制成的陶瓷增材制造部件密度高，可代替高温炉烧结工艺。

冷冻形式挤出制造（FEF）是一种环保型增材制造工艺，其通过计算机控制挤出沉积水性粘结剂逐层生成 3D 陶瓷零件。它不同于使用热板沉积水性陶瓷浆料的自动铸造，FEF 通过在受控制的冷冻条件下沉积水性浆料来制造陶瓷部件，从而能够制造相对较大的零件。然而，FEF 工艺的主要问题是在糊状物冷冻期间可能形成相当大的冰晶，这可能导致零件烧结后出现明显的孔隙，降低零件的致密度。为了克服该问题，研究人员开发了陶瓷材料按需挤压（CODE）工艺，它是一种室温下基于挤出制造的增材制造工艺，其应用辐射加热使连续层之间的浆料均匀干燥，生产的复合陶瓷部件具有接近理论致密度的、紧凑的微观结构，如图 2-14 所示。

因陶瓷具有硬而脆的特性，加工特别困难。用于增材制造的陶瓷材料是陶瓷粉末与粘结剂的混合物。粘结剂粉末的熔点相对较低，烧结时粘结剂融化从而使陶瓷粉末粘结在一起。

图2-14 氧化铝浆料采用按需挤压工艺制成的陶瓷部件

常用的粘结剂有三类：①有机粘结剂，如聚碳酸酯（Poly Carbonatate，PC）、聚甲基丙酸酯等；②金属粘结剂，如Al粉；③无机粘结剂，如磷酸二氢铵等。由于打印完毕后还要进行浸渗、高温烧结处理等过程，因此粘结剂与陶瓷粉末的比例会影响零件的性能。目前，陶瓷增材制造技术还没有成熟，国内外还在研究当中。奥利地学者开发出了基于光固化的陶瓷制造（Lithography-based Ceramic Manufacturing，LCM）技术，使用光聚合物作为陶瓷颗粒之间的粘结剂，从而能够精确生成密度较高的陶瓷毛坯。美国Hot End Works公司采用加压喷雾（Pressurized Spray Technology，PST）技术来制造陶瓷材料，如氧化铝（$Al_2O_3$）、氧化锆、氮化铝、碳化钨、碳化硅、碳化硼（$B_4C$）以及各种陶瓷-金属基质等。PST技术是通过喷嘴分别喷射出陶瓷材料和粘结剂材料，再通过高温加工工艺去除粘结剂材料。

**4. 复合材料**

复合材料开发要考虑以下因素：原料、制备工艺（熔融、长丝、纤维、颗粒）、均匀性和性能。必须设计基体与分散或嵌入相之间的界面，以便正确粘结，传递负载和防止腐蚀。

**（1）聚合物复合材料** 用于挤出工艺的复合材料允许离散的、非均匀的分层，可以在沉积之前将原料配制成聚合物复合材料。聚合物原料的添加剂必须采用适当组分，以保证挤出物具有适当的黏度，并且可有效缩短整个零件的生产时间。原料通常由聚合物、增黏剂、增塑剂、表面活性剂和第二相，如金属、陶瓷或聚合物组合的颗粒或纤维。增黏剂增加灵活性，增塑剂改善流变性，表面活性剂改变第二相的分散特性，可以通过配制不同原料来获得包含纳米管的聚合物复合材料。纤维增强复合材料通常是碳纤维增强复合材料或玻璃纤维，其力学性能取决于纤维的取向和矩阵光纤接口设计，纤维增材制造工艺是将连续纤维、短切碳纤维和玻璃纤维包埋在尼龙基体中来制造相应零部件，试验证明，采用这种工艺制造的连续碳纤维复合材料零件比6061铝合金产品具有更高的比强度。采用增材制造工艺生产的聚合物复合材料制品如图2-15所示。

<table>
<tr><td>a) 切碎的微碳增强尼龙叶轮</td><td>b) 发动机安装的玛瑙叶轮</td></tr>
</table>

图 2-15　聚合物复合材料制品

　　桌面式 3D 打印机可用于电子器件开发，如图 2-16所示。该 3D 打印机使用 PLA 细丝和高导电胶体墨水将 3D 电路完全嵌入功能组件中，无需进一步处理。软件可以暂停制造进程，用于植入预制组件。目前比商业导电热塑性细丝的导电性高 2 万倍的 3D 打印导电油墨已经被开发出来了。

　　粉末床熔融是复合材料研究开发的另一种常用方法，其制造商数量相对较多。基体的液相烧结（LPS）可以通过第二相和粉末的预混合来获得更好的性能。如图 2-17 所示为液相烧结（LPS）常用的

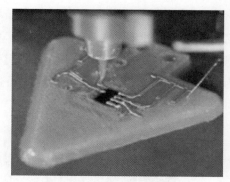

图 2-16　具有 3D 打印电路的 PLA 部件

聚合物复合材料，如聚醚醚酮（PEEK）、羟基磷灰石（HA）、磷酸三钙/聚 L-乳酸（PLLA）和 PCL 颗粒（+HA/PCL）。目前已经加工出了许多颗粒和聚合物增强须晶的化学物质，包括玻璃、纳米黏土、碳纤维、碳化硅等。

<table>
<tr><td>a) 具有高度有序的长方体形态的烧结支架</td><td>b) 孔内的SEM放大图像</td></tr>
</table>

图 2-17　聚合物复合材料

　　大容量聚合物已被用于加工生物活性的玻璃支架、石墨烯氧化物增强的热塑性塑

料、多聚合物微结构阵列和多表面特性的层压板。在使用氧气做抑制剂的光刻工艺（OIL）中，零件的尺寸精度不受紫外线曝光的限制，而是受每层材料的体积和光掩模细节所影响。

**（2）金属基复合材料** 使用增材制造的金属基复合材料包括颗粒复合材料、纤维复合材料、层压板和功能梯度材料（FGM）。激光选区熔化（SLM）和激光金属沉积（LMD）是金属材料在增材制造中非常有效的工艺。

功能梯度材料（FGM）是将一种以上具有各向异性的材料，通过响应控制进行分级的颗粒复合材料。采用结合基材料和二次相作为粉末原料，通过液相烧结（LPS）来制备金属基复合材料（MMC），用于改善烧结性能。在金属基复合材料的制备过程中使用一些添加剂可提升材料的相关性能，如添加一定比例的氧化镧可用于降低表面张力，改善零件致密度。同时，添加剂也可用于控制晶粒生长，提高烧结性能和调节热膨胀系数（CTE），这对于加工功能梯度材料至关重要。功能梯度材料已经实现了从金属到金属和从金属到陶瓷的功能梯度。图 2-18 所示是从钨铬钴合金 12 到不锈钢 A316L 的应力断裂梯度图，其为采用具有相似热膨胀系数的材料通过金属沉积（DMD）加工工艺制造出来的功能梯度材料。

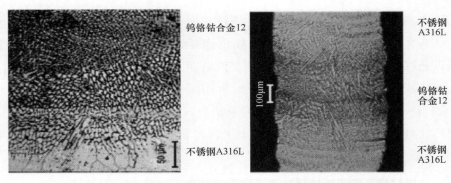

图 2-18　从钨铬钴合金 12 到不锈钢 A316L 的应力断裂梯度图

金属沉积（DMD）技术已经被应用于制造具有陶瓷增强相的金属基复合材料，如 Ti6-4/TiB、Ti6-4/TiAl、Ti6-4/Ni、Ti6-4/WC，W-Co 金属陶瓷、Ti/SiC、TiC/Ni/Inconel、Inconel/WC 和用硼化物增强的四元金属基体。

在航空航天应用中，同一零件中（如推进气的喷嘴）对力学性能和热性能要求不同，功能梯度材料就特别适用于该场合。两种合金的功能梯度材料能够很好的解决因其不同热膨胀系数（CTE）而导致的不兼容的问题。

激光技术能够通过在线反应的方式制造金属基复合材料，它能够为金属间的化学反应提供必要的能量，而超声波固化（UC）作为一种新型的固态制造工艺，它可以将金属箔与 3D 结构连接在一起，然后通过机械加工制造出相应的几何形状。通过超声波固化（UC）工艺在金属基中嵌入纤维，使其成为纤维增强的金属基复合材料。在制造复杂几何形状时，通过该工艺可获得较高的制造精度,因为该技术无需采用高温,并且没有熔化金属,因此不会因冷凝收缩而产生尺寸误差,也不会因为温度变化而产生较大残余应力。尽管 UC 具有以上优点,但材料界面的设计仍然是阻碍其应用的主要问题之一,材料界面设计不合理会导致嵌入相的力学性能不理想。

**(3) 陶瓷基复合材料**　陶瓷基复合材料是在陶瓷增材制造中发展起来的,也是增材制造技术的主要研究领域之一。一般都是通过将复合材料颗粒混合均匀之后,采用激光选区烧结 (SLS) 或一些其他增材制造工艺固化而成的。粘结剂喷射 (BJ) 也可用于生产陶瓷基复合材料,它可保证尺寸精度和复杂的几何形状。常规制造的碳化硅复合材料或者碳化硅增强复合材料,需要在后处理中引入碳或者熔融硅来键合 SiC。通过材料喷射和粉末床组合物的制备,已经实现了 Si-SiC 复合材料的制造。激光选区胶凝 (SLG) 是一种将陶瓷溶胶-凝胶工艺与激光选区烧结 (SLS) 结合在一起的增材制造工艺,它与 SLS 的生产工艺基本相同,区别是 SLG 有效地利用了溶胶的凝胶,将悬浮颗粒融合在基体中。这种利用凝胶化的技术与 SLS 不同,它仅需要很少的能量来进行混合。此外,凝胶机制对浆料的配置更具灵活性和广泛的应用范围。将来材料喷射也有可能成为复合材料制造的一种增材制造工艺,目前已经能够利用材料喷射技术来制造电介质陶瓷和金属电极了。该技术能够使用多喷嘴以沉积不同的材料成分来制造高分辨率微观结构。然而,由于其沉积速率低,制造一个中等尺度的零件可能需要花费数小时才能完成。同时它可以通过调整原料的供给量等参数来制造蜂窝结构。如图 2-19 所示为利用 Ni-BaTiO$_3$ 制造电介质样品端子的横截面图,在层间存在没有接触的间隙可防止其电性能降低。

图 2-19　利用 Ni-BaTiO$_3$ 制造电介质样品端子的横截面图

陶瓷增材制造的冰冻挤出成型 (FEF) 方法,可用于制备从氧化铝 (Al$_2$O$_3$) 到氧化锆 (ZrO$_2$) 的功能梯度材料,也可用于制造从钨 (W) 到碳化锆 (ZrC) 的梯度材料。

**5. 生物医用高分子**

增材制造技术一诞生就很快在生物医用领域得到了应用,并成功运用高分子材料制得细胞、组织、器官以及个性化组织支架等模型。

**（1）水凝胶**　水凝胶有很好的生物黏附性，并且其力学性能与人体软组织极其相似，因此被广泛应用于组织工程支架材料以及药物的可控释放。增材制造技术可以实现对材料外部形态和内部结构的精确控制，有利于细分布的调控以及材料与生物体的匹配。水凝胶则以其特有的生物亲和性成为增材制造的一种特殊材料，在医学领域有很大应用前景，但是其昂贵的成本问题难以拓宽应用范围。增材制造中常用的水凝胶有丙烯酸酯封端的聚乙二醇（PEG）等。例如以聚乙二醇双丙烯酸酯（PEG-DA）为原料，利用增材制造制备出了水凝胶神经导管支架，以 PEG-DA/藻盐酸复合原料制备了主动脉瓣水凝胶支架，该水凝胶的弹性模量可在 $5.3 \sim 74.6\mathrm{kPa}$ 范围内变化；另外通过增材制造技术，以甲基丙烯酸酯修饰的 PLA-PEG-PLA 三嵌段共聚物为原料，可以制备出多孔或非多孔水凝胶，材料具有良好的贯通性，较窄的孔径分布和较高的力学性能。

**（2）PC**　常用的生物医用材料还有 PC，可分为脂族和芳族两类。脂族 PC 具有很好的生物相容性和生物可降解性，成为增材制造的优选材料之一。PC 多被用作药物的缓释载体、骨骼支撑材料等。例如以三亚甲基碳酸酯（PTMC）为原料，通过微增材制造技术制备出了三维微柱、微条和多微通道结构等。

**（3）生物材料**　生物材料是用于人体组织和器官的诊断、修复或增进其功能的一类材料，即用于取代、修复活组织的天然或人造材料。生物材料可以分为金属材料（钛合金等）、无机材料（生物活性陶瓷、羟基磷灰石等）和有机材料三大类。根据材料的用途，又可以分为生物惰性、生物活性或生物降解材料。

## 2.4.2　材料形式

增材制造所用的这些原材料都是专门针对增材制造设备和工艺而研发的，与普通的塑料、金属、陶瓷等有所区别，根据材料的几何形状可分为丝材、粉末、液体、薄片四种类型，表 2-5 列出了不同类型材料所适用的增材制造工艺。

表 2-5　不同类型材料所适用的增材制造工艺

| 类型 | 增材制造工艺 | 基本材料 | 代表公司 |
|---|---|---|---|
| 丝材 | 熔融沉积（FDM） | 热塑性塑料，共晶系统金属 | Stratasys（美） |
| | 电子束自由成型制造（EBF） | 金属材料 | |
| 粉末 | 直接金属激光烧结（DMLS） | 金属材料 | EOS（德） |
| | 电子束熔融（EBM） | 金属材料 | ARCAM（瑞典） |
| | 选择性激光熔融（SLM） | 金属材料 | |
| | 选择性热烧结（SHS） | 热塑性粉末 | Blueprinter（丹麦） |
| | 选择性激光烧结（SLS） | 热塑性塑料、金属粉末、陶瓷粉末 | 3D Systems（美） |
| | 石膏3D打印（PP） | 石膏 | 3D Systems（美） |

（续）

| 类型 | 增材制造工艺 | 基本材料 | 代表公司 |
|------|------------|---------|---------|
| 薄片 | 分层实体制造（LOM） | 纸、金属膜、塑料薄膜 | |
| 液体 | 光固化成形（SLA） | 光敏聚合物 | 3D Systems（美） |
| | 数字光处理（DLP） | 液态树脂 | |
| | 聚合物喷射（PI） | 光敏聚合物 | Objet（以色列） |

**1. 丝状材料**

FDM材料可以是丝状热塑性材料，常用的有蜡、塑料、尼龙丝等。首先，FDM材料要有良好的成丝性；其次，由于FDM工艺中丝材要经受"固态-液态-固态"的转变，故要求FDM材料在相变过程中有良好的化学稳定性，且FDM材料要有较小的收缩性。对于气压式FDM设备，材料可以为多种形状，也可以是多种成分的复合材料。

**（1）金属丝材** 金属丝材增材制造可以采用电弧增材制造技术（Wire Arc Additive Manufacturing，WAAM）或基于送丝的激光定向能量沉积技术（LDED），因其是以电弧或激光为载能束，热输入较高，因此适用于大尺寸复杂构件。WAAM和LDED在大尺寸结构件成形上具有其他增材技术不可比拟的效率与成本优势。其是将焊接方法与计算机辅助设计结合起来的一种增材制造技术，可通过分层扫描和堆焊的方法来制造钛合金、铝合金等金属元件。

**（2）熔融材料** 各种可以熔融的材料，如蜡、塑料等，适用于加压熔化罐。熔融挤压喷头工作原理为：将所使用热塑性成形材料装入熔化罐中，利用熔化罐外壁的加热圈对其加热熔化呈熔融状态，然后将压缩机产生的压缩空气导入熔化罐中，气体压力作用在熔融材料的表面上迫使材料从下方喷头挤出。

FDM工艺价格和技术成本低、体积小、无污染，能直接做出ABS制件，但生产效率低，精度不高，最终轮廓形状受到限制。FDM的工艺特点：可以制造复合材料的快速成形制件，如磁性材料和塑料粉末经过FDM喷头成形特殊形状的磁性体，可以实现各向异性，各层异性，不同区域不同性能。这是模具成形所不能实现的。

**2. 粉体材料**

通常，根据增材制造设备的类型及操作条件的不同，所使用的粉末粒径为$1 \sim 100 \mu m$不等，而为了使粉末保持良好的流动性，一般要求粉末要具有较高的球形度。理论上讲，所有受热后能相互粘结的粉末材料或表面覆有热塑（固）性粘结剂的粉体材料都能用作SLS材料。但要真正适合SLS烧结，要求粉体材料有良好的热塑（固）性和一定的导热性，粉体经激光烧结后要有一定的粘结强度；粉体材料的粒度不宜过大，否则会降低成形件质量；而且 SLS 材料还应有较窄的"软化-固化"温度范围,该温度范围较大时,制件的精度会受影响。大体来讲,激光烧结工艺对成形材料的基本要求是:① 具有良好的烧结性能,无需特殊工艺即可快速精确地成形原型;② 对于直接用作功能零件或模具的原型,力学性能和物理性能(强度、刚性、热稳定性、导热性及加工性能)要满足使用要求;③ 当原型间接使用使用时,要有利于快速方便的后续处理和加工工序,即与后续工艺的接口性要好。

**(1) 蜡粉**

1) 用途:烧结制作蜡型,精密铸造金属零件。

2) 特点:传统的熔模精铸用蜡(烷烃蜡、脂肪酸蜡等),其熔点较低,在60℃左右,烧熔时间短,烧熔后没有残留物,对熔模铸造的适应性好,且成本低廉。

3) 但存在以下缺点:①对温度敏感,烧结时熔融流动性大,使成形不易控制;②成形精度差,蜡模尺寸误差为±0.25mm;③蜡模强度较低,难以满足具有精细、复杂结构铸件的要求;④粉末的制备十分困难。

**(2) 聚苯乙烯(PS)、聚碳酸酯、工程塑料(ABS)粉末**

1) 特点:聚苯乙烯(PS)属于热塑性树脂,熔融温度100℃,受热后可熔化、粘结,冷却后可以固化成形,而且该材料吸湿率很小,仅为0.05%,收缩率也较小,其粉料经过改性后,即可作为激光烧结成形用材料。

2) 烧结成形件经不同的后处理工艺具有以下功能:第一,结合浸树脂工艺,进一步提高其强度,可作为原型件及功能零件。第二,经浸蜡后处理,可作为精铸蜡模使用,通过熔模精密铸造,生产金属铸件。

**(3) 尼龙粉末(PA)**

1) 用途:可用于 CAD 数据验证,且具有足够的强度可以进行功能验证。

2) 特点:粉末粒径小,制作模型精度高;烧结时,粉末熔融温度180℃;烧结制件不需要特殊的后处理,即可以具有49MPa的抗拉伸强度。

3) 尼龙粉末烧结快速成形过程中,需要较高的预热温度,需要保护气体,设备性能要求高。

**(4) 覆膜砂粉末、覆膜陶瓷粉末材料**

1) 覆膜砂。与铸造用覆膜砂类似,采用热固性树脂,如酚醛树脂包覆锆砂($ZrO_2$)、石英砂($SiO_2$)。利用激光烧结方法,制得的原型可以直接当作铸造用砂型(芯)来制造金属铸件,其中锆砂具有更好的铸造性能,尤其适合于具有复杂形状的有色合金铸件,如镁、铝等合金的铸造。材料成分为包覆酚醛树脂的石英砂或锆砂,粒度160目以上。主要用于制造砂型铸造的石英或锆型(芯)。适用于单件、小批量砂型铸造金属铸件的生产,尤其适合用于传统制造技术难以实现的金属铸件。

2) 覆膜陶瓷粉。与覆膜砂的制作过程类似,被包覆陶瓷粉可以是 $Al_2O_3$、$ZrO_2$ 和 SiC 等,激光烧结快速成形后,结合后处理工艺,包括脱脂及高温烧结,可以快捷地制造精密铸造用型壳,进而浇注金属零件。也可直接制造工程陶瓷制件,烧结后再经热等静压处理,最终零件相对密度可达99.9%,可用于制造含油轴承等耐磨、耐热陶瓷零件。

**（5）金属粉末**　用 SLS 制造金属功能件的方法是将金属粉末烧结成形，成形速度较快，精度较高，技术成熟。增材制造所使用的金属粉末一般要求纯净度高、球形度好、粒径分布窄、氧含量低。目前，应用于增材制造的金属粉末材料主要有钛合金、钴铬合金、不锈钢和铝合金材料等，此外还有用于制造首饰用的金、银等贵金属粉末材料。

### 3. 液体材料

液体光敏树脂，通常由两部分组成，即光引发剂和树脂。其中树脂由预聚物、稀释剂及少量助剂组成。当光敏树脂中的光引发剂被光源（特定波长的紫外光或激光）照射吸收能量时，会产生自由基或阳离子，自由基或阳离子使单体和活性低聚物活化，从而发生交联反应而生成高分子固化物。

液体光敏树脂需具备的特性：

1）黏度低，利于成形树脂较快流平，便于快速成形。

2）固化收缩小，固化收缩导致零件变形、翘曲、开裂等，影响成形零件的精度，低收缩性树脂有利于成形出高精度制件。

3）零件湿态强度高，较高的湿态强度可以保证后固化过程不产生变形、膨胀及层间剥离。

4）溶胀小，湿态成形件在液态树脂中的溶胀会造成零件尺寸偏大。

5）杂质少，固化过程中没有气味，毒性小，有利于环保。

### 4. 薄片材料

LOM 工艺材料一般由薄片材料和粘结剂两部分组成，薄片材料根据对原型性能要求的不同可分为：纸、塑料薄膜、金属铂等。对于薄片材料要求厚薄均匀，力学性能良好并与粘结剂有较好的涂挂性和粘结能力。用于 LOM 的粘结剂通常为加有某些特殊添加剂组分的热熔胶。LOM 技术成形速度快，制造成本低，成形时无需特意设计支撑，材料价格也较低。但薄壁件、细柱状件的剥离比较困难，而且由于材料薄膜厚度有限制，制件表面粗糙，需要繁琐的后处理过程。

## 2.5　工艺的选择

### 2.5.1　不同增材制造工艺间的差异性

上述通用工艺步骤存在于每一种增材制造技术（AM）中，不同的技术可能或多或少的存在不同之处。在这里，我们讨论这些工艺变化的含义，不仅从一种工艺到另一种工艺，在某些情况下还包括特定技术。大多数机器的标称层厚度约为 0.1mm。然而，这只是经验法则。例如，一些材料挤出机的层厚为 0.254mm，而光固化工艺的层厚通常在 0.05～0.1mm，并且使用材料喷射技术为熔模铸造制造的复杂小零件的层厚可能为 0.01mm。许多技术具有改变层厚的能力。原因是较厚的层零件建造起来更快，但精度较低。这对于一些应用来说可能不是问题，在这些应用中，尽可能快地制造零件可能更为重要。

设计中的一些细节可能在增材制造的工艺中就成了一个技术问题，例如在零件制造工艺上只能垂直打印的时候，零件的壁厚就比较难控制。这是因为即使机器内的定位非常精确，但是液滴、激光直径或挤压头都是有一定的尺寸，这基本上限制了设备能制造的最薄的壁厚了。

还有其他因素不仅会影响工艺的选择，还会影响工艺链中的一些步骤。特别是，即使在同一工艺中使用不同的材料，也可能会影响完成某一工序所需的时间和资源。例如，在材料挤出工艺中如果使用水溶性支撑可能需要附加专用设备，但是与使用常规支撑相比，它可以在不需要打磨的情况下获得较高的表面质量。另外，一些采用聚合物进行增材制造的工艺会不可避免地使用一些特定溶剂和渗透化合物，这些化学材料必须与零件材料在化学性能和力学性能方面具有兼容性。一些后处理工艺可能会涉及高温问题，这里就必须考虑材料的耐热性或熔化温度。对于后处理工艺需要打磨时，还必须了解所涉及材料的力学性能和零件的加工余量，对于加工余量不够的零件，可以通过对 STL 文件进行缩放，或者采用表面偏移的方式增加加工面的尺寸来保证加工余量。尽管增材制造工艺的主要步骤大同小异，但每种增材制造工艺都有一定的差异，接下来我们将简要介绍不同工艺之间的差异性。

### 1. 基于光敏聚合物的系统

使用光敏聚合物作为原材料的系统很容易建立，然而，它需要创建支撑结构。光敏聚合物的加工系统都必须使用与零件材料相同的材质作为支架。对于材料喷射系统，可以很容易通过并行 3D 打印头来制造辅助支撑材料。与其他系统相比，光敏聚合物系统的一个优点是精度非常高，分层很薄而且精细。与其他增材制造材料相比，早期的光敏聚合物材料性能较差，但是现在已经开发出了一些新的树脂，一定程度上改善了它的耐温性、强度和延展性。光敏聚合物材料的主要缺点是如果不涂抹紫外线防护涂层它会很快降解。

### 2. 粉末床系统

对于粉末床系统不需要使用支撑物，它采用逐层沉积粉末的方法进行制造（金属系统的支撑除外）。因此，粉末床系统是较容易实现的系统之一。使用粘结剂喷射（Binder Jetting）工艺通过粉末床制成的部件，可以通过使用有色粘结剂为材料着色。如果使用彩色粘结剂打印的话，那么编写相关的程序文件可能需要更长的时间，因为标准的 STL 文件中并不包括颜色信息。但是，除了 AMF 之外，还有其他基于 VRML 的文件是包含零件的颜色信息的。粉末床熔融工艺在每个工序中都有大量未使用的粉末，这些粉末都有了一定的温度，它可能会导致粉末发生相应的变化。因此，需要精心的设计粉末回收装置来保证粉末原料的质量，从而确保零件的质量。了解粉末在机器中的特点也很重要。例如，一些机器在构建平台的每个侧面配有粉末进料腔。这些腔室顶部的粉末可能比底部的粉末密度小，底部的粉末将在顶部粉末的重量下被压缩。这反过来可能会影响沉积在每层的材料量和机器中最终零件的密度。对于较高质量要求的零件来说，这将会带来一定的问题，可以通过在开机前仔细压实进料室中的粉末以及在制造过程中通过调节温度和粉末进料参数来解决。

**3. 熔融材料系统**

熔融材料系统是需要支撑结构的。对于基于液滴的系统，如热喷射工艺，这些支撑结构是自生成的，但是对于材料挤出工艺或定向能量沉积系统，可以自动产生支撑物，也可以灵活的制造支撑物。对于水溶性支撑物，支撑物的位置并不太重要，但是对于采用与制件相同的材料制成的支撑系统，就必须认真考虑支撑物的位置，因为分离支撑时可能会损坏制件。此外，尽管使用默认设置可以很容易地制造制件，但采用材料挤出工艺制造时，需要考虑制件的设计意图，如果当制件的某些区域有特殊的要求时，可能通过改变制造工艺的顺序就可以较好的保证制件的相关性能。例如，在 FDM 工艺中，制件中通常会存在一些小孔隙，可以通过增加特定区域挤出的材料量来降低这些孔隙的出现率，当然这将是在牺牲制件精度的前提下来降低制件内部的孔隙出现率。尽管使用材料喷射制造的石蜡部件有利于制造一些精细的特征，但由于它们的强度低而且易脆，所以制造制件时也存在很大的困难。另一方面，使用材料挤出工艺制造出的 ABS 制件是强度最高的增材制造聚合物制件之一，它们一般作为功能性的制件使用，这意味着与其他工艺相比，它们需要大量磨抛加工，因为它们的精度要求会比其他增材制造工艺制造的制件要高。

**4. 片材系统**

片材层压工艺不需要支撑，只需要放置片材后进行切割。但是，需要增加一个清理制件中多余废料的自动化工艺，需要知道制件的最终状况确保该过程不会损坏制件本体。如果不小心使用密封剂和涂料，纸基系统在处理上会遇到问题。对于聚合物片材层压工艺制造的部件，通常不易损坏。对于金属板层压工艺，首先切割片材，然后堆叠以形成 3D 形状，因此不需要移除支撑件。

### 2.5.2　增材制造技术的选用原则

增材制造技术已有十余种，不同的成形工艺有不同的特点，对于工艺类型的选择需要综合考虑各方面的因素，如零件的用途、形状、尺寸大小、成本核算等。正确选择增材制造的工艺方法，对于更有效地利用这项技术是非常重要的。增材制造技术的选用原则如图 2-20 所示。

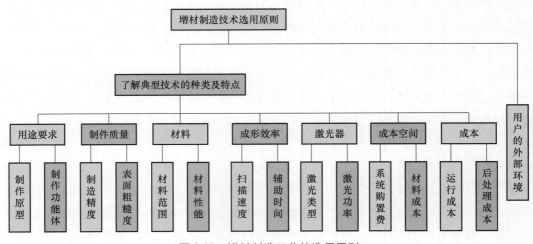

图 2-20 增材制造工艺的选用原则

### 1. 零件的用途

零件可能有多种用途要求，但是每种增材制造工艺只能满足有限的要求。

**（1）只对形状和尺寸精度要求高的零件** 这种要求比较简单，绝大多数精度较好的增材制造工艺均可达到这种要求。

**（2）对力学性能要求较高的零件** 对于这种用途要求，样品的材料和力学性能要接近真实产品。因此，必须考虑所选增材制造工艺能否直接或间接制造出符合材料和力学性能要求的工件。例如，对于要求具有类似 ABS 塑料性能的工件，用 SLA 和 FDM 增材制造工艺可以直接制造，而采用 LOM 工艺不能直接制造，但可以通过反应式注塑法间接制造。对于要求有类似金属性能的工件，用 SLS 工艺可以直接制造（但一般须配备后续烧结、渗铜工序），用 SLA、FDM 和 LOM 等工艺不能直接制造，只能间接通过熔模铸造等方法制造。

**（3）模具** 快速制模（Rapid Tooling，RT）是增材制造技术的主要应用方向之一，目前的 RT 技术有两个研究方向。一个是直接快速制模（Direct Rapid Tooling，DRT）技术，主要有三种：①软模技术；②准直接快速制模技术；③直接制造制模技术。另一个是间接快速制模（Indirect Rapid Tooling，IRT）技术，主要有两种：①通过增材制造技术成形一个腔（塑料、蜡等），再通过模型用铸造、电极成型、金属喷镀等方法成型模具；②通过增材制造技术生产铸型（砂型或壳型），再通过铸造技术用这些砂型或壳型生产模具。

**（4）小批量和特殊复杂零件的直接生产** 对于小批量和复杂的塑料、陶瓷、金属及其复合材料的零部件，可用 SLS 工艺直接增材制造。目前，人们正在研究功能梯度材料的 SLS 增材制造工艺，零件的直接增材制造对航空航天及国防工业有着非常重要的价值。

**（5）新材料的应用** 这些新材料主要是指复合材料、功能梯度材料、纳米材料、智能材料等新型材料。这些新型材料一般由两种或两种以上的材料组成，其性能优于单一材料的性能。

### 2. 零件的形状

对于形状复杂、薄壁的小工件，比较适合用 SLS、SLM、SLA 和 FDM 工艺制造；对于厚实的中、大型工件，比较适合用 WAAM、DED 等工艺制造。

### 3. 零件的尺寸大小

每种型号的增材制造设备所能制造的最大零件尺寸有一定的限制。通常，工件的尺寸不能超过上述限制值。然而，对于薄形材料选择性切割快速成形机，由于它制造的纸基工件有较好的粘结性能和机械加工性能，因此，当工件的尺寸超过机器的极限值时，可将工件分割成若干块，使每块的尺寸不超过机器的极限值，分别进行成形，然后再予以粘结，从而拼合成较大的工件。同样，SLS、SLA 和 FDM 工艺的制件也可以进行拼接。

### 4. 成本

（1）设备购置成本　此项成本包括购置增材制造设备的费用，以及有关的上、下游设备的费用。对于下游设备除了通用的打磨、抛光、表面喷镀等设备之外，SLA 快速成形机还配备有后固化用紫外箱；SLS 快速成形机往往还需配备烧结炉和渗铜炉。

（2）设备运行成本　此项成本包括设备运行时所需的原材料、水电动力、房屋、备件和维护费用以及设备折旧费等。对于采用激光作成形光源的增材制造装备，必须着重考虑激光器的使用寿命和维修价格。例如，紫外激光器的使用寿命为 2000h，紫外激光管的价格高达数十万元；而 $CO_2$ 激光器的使用寿命为 20000h，在此期限之后尚可充气恢复功能，每次充气费用仅为数千元。原材料是长期、大量的消耗品，对运行成本有很大的影响。一般而言，用聚合物作为原料时，由于这些材料不是工业中大批量生产的材料，因此价格比较昂贵；而纸基材料比较便宜。然而，用聚合物（液态、粉末状或丝状）作为原材料时，材料利用率高；用纸作为原材料时，材料利用率较低。

（3）人工成本　此项成本包括操作增材制造设备的人员费用，以及前、后处理所需人员的费用。

### 5. 技术服务

1）保修期。从用户的角度来看，希望保修期越长越好。

2）软件的升级换代。供应商应能够免费提供软件的更新换代。

3）技术研发力量。由于增材制造技术是一项正在发展的新技术，用户在使用过程中难免会出现一些新的问题，若供应商的技术研发力量强，则会很快解决这些问题，从而把用户的损失降低到最低程度。

## 2.5.3 主要增材制造技术的比较

主要增材制造技术的工艺性能比较见表 2-6，优点与缺点的比较见表 2-7。

表 2-6 主要增材制造技术的工艺性能比较

| 技术\指标 | 精度 | 表面质量 | 材料价格 | 材料利用率 | 运行成本 | 生产效率 | 设备费用 |
|---|---|---|---|---|---|---|---|
| SLA | 优 | 优 | 较好 | 较贵 | 约100% | 较高 | 高 | 较贵 |
| LOM | 一般 | 较差 | 较差 | 较便宜 | 较低 | 高 | 较低 | 较便宜 |
| SLM | 一般 | 优 | 较好 | 较贵 | 约100% | 较高 | 一般 | 较贵 |
| SLS | 一般 | 一般 | 一般 | 较贵 | 约100% | 较高 | 一般 | 较贵 |
| FDM | 较差 | 较差 | 一般 | 较贵 | 约100% | 较低 | 一般 | 较便宜 |

表 2-7 增材制造技术的优点和缺点

| 技术 | 优点 | 缺点 |
|---|---|---|
| SLA | 成熟、应用广泛、成形速度快、精度高、能量低 | 工艺复杂、需要支撑结构、材料种类有限、激光器寿命低、原材料价格贵 |
| LOM | 对实心部分大的物体成形速度快、支撑结构自动地包含在层面制造中、低的内应力和扭曲、同一物体中可包含多种材料和颜色 | 能量高、内部孔腔中的支撑物需要清理、材料利用率低、废料剥离困难、可能发生翘曲 |
| SLM | 零件成形精度高、致密度好，可用于制造复杂的金属零部件及功能件 | 零件的成形尺寸受限制、材料成本高、设备昂贵、工件易变形 |
| SLS | 不需要支撑结构、材料利用率高、力学性能比较好、价格便宜、无气味 | 表面粗糙、成形原型疏松多孔、对某些材料需要单独处理、能耗高 |
| FDM | 成形速度快、材料利用率高、能耗低、制件中可包含多种材料和颜色 | 表面粗糙度高、选用材料仅限于低熔点材料 |
| 3DP | 材料选用广泛、可以制造陶瓷模具用于金属铸造、支撑结构自动包含在层面制造中、能耗低 | 表面粗糙、精度低、需后处理（去湿或预加热到一定温度） |

针对典型增材制造系统的不同，用户在选用时要根据自身的实际情况和本地区的实际情况正确地进行选择。

# 2.6 零件的制备

## 2.6.1 设备准备

CAD 模型中的错误，或者 CAD-STL 的转换不够准确会造成 STL 文件出错，CAD 模型质量除了取决于 CAD 系统、人工操作及后期处理外，还会受到一系列问题的影响，包括产生具有不必要的壳、针类缺陷的模型，这些问题如果没有及时纠正，会引发下游应用程序经常性出错。

许多 CAD 模型错误都可以使用比利时 Materialise 公司的 Magics 专业软件进行修复。用户输入各种 CAD 格式文件，Magics 软件都可以输出用于增材制造加工和生产的格式文件。它的功能包括修复并优化 3D 模型、分析部件、对 STL 文件进行与过程相关的设计改进、记录以及生产规划等。然而，人工修复过程仍然很烦琐费时，特别是考虑到 CAD 模型中有大量的几何体（如三角面片）。

在确认 STL 文件无误后，计算机程序会分析定义三维模型的 STL 文件，并将模型分层为截面切片。这些截面通过液体或粉末的固化被系统重组，然后结合形成三维实体。在此过程中，每个输出文件都被分层为厚度从 0.12 mm（最薄）到 0.5 mm（最厚）不等的切片。通常为了提高精度，模型都会切到尽可能薄（约 0.12 mm），而支撑部分则可以厚一些。

如果没有适当的操作指南，定位调整及每步加工参数的设定会因有多种可能性而变得困难。这些可能性包括决定几何对象、摆放方位、空间搭配、必要的支撑结构和薄壁参数等，还包括应确定的技术参数：如固化深度、激光功率和其他 SLA 中的物理参数。这意味着，用户要掌握使用的软件，包括说明指南、对话框模式和在线图形化辅助功能，这些都会为增材制造系统的用户提供帮助。

很多制造商都在不断完善他们的系统和操作软件。例如，3D Systems 公司的 Buildstation5.5 软件简化了增材制造中设定参数的过程。在早期的增材制造系统中，参数（如 250mm×250mm）对话框内的零件位置及不同的固化深度需要手动设置。这就需要手工键入多个参数，非常烦琐。而现在这项工作变得简单了许多，很多参数都被设为默认值，且用户可自行修改。这些数据很容易被检索并用于其他模型。

## 2.6.2　加工

在大多数增材制造系统的加工中，都实现了完全自动化。有时操作员让机器整晚自动运行也是很常见的。加工加工过程中根据零部件大小和数量可耗费数小时。可加工部件的大小和数量是由整体加工尺寸面决定，并受增材制造系统的加工体量限制。大部分增材制造系统都装有远程警报系统，在加工完毕时利用电子通信设备（如手机）通知用户，加工一般分为脱机加工和联机加工两种。

**（1）脱机加工**　将存储模型 Gcode 代码的 SD 卡插到机器的卡槽中。在机器中选择要加工的模型 Gcode 代码，按下启动按钮。待温度升高到指定 Gcode 代码内设置的温度后，机器自动开始加工，直到结束，图 2-21 所示为加工完成的招财猫。

**（2）联机加工**　当设计电脑和增材制造设备处于同一空间内时，也可以用数据线将增材制造设备和电脑连接起来后，进行联机加工。此时增材制造设备完全由计算机控制，当喷头和平台温度到达设定值后机器开始加工，直到停止。

图 2-21 加工完成的招财猫

### 2.6.3 后处理

从增材制造设备上取下的制品通常需要进行剥离，以便去除废料和支撑结构，有的还需要进行后固化、修补、打磨、抛光和表面强化处理等，这些工序统称为后处理。例如，SLA成形件需置于大功率紫外线箱（炉）中做进一步的内固化；SLS成形件的金属半成品需置于加热炉中烧除粘结剂、烧结金属粉和渗铜；3DP和SLS的陶瓷成形件也需置于加热炉中烧除粘结剂、烧结陶瓷粉。此外，制件可能在表面精度或机械强度等方面还不能完全满足最终产品的要求。例如，制件表面不够光滑，其曲面上存在因分层制造引起的小台阶，以及因STL格式而可能造成的小缺陷；制件的薄壁和某些微小特征结构（如孤立的小柱、薄筋）可能强度、刚度不足；制件的某些尺寸、形状还不够精确；制件的耐温性、耐湿性、耐磨性、导热性和表面硬度可能不够理想；制件表面的颜色可能不符合严格的要求等。

因此在增材制造之后，一般都必须对制件进行适当的后处理，以下对剥离、修补、打磨、抛光和表面涂覆等表面后处理方法做进一步的介绍。其中修补、打磨、抛光是为了提高表面精度和降低表面粗糙度；表面涂覆是为了改变表面颜色，提高刚度、强度和其他性能。

**（1）剥离工序** 剥离是指将增材制造过程中产生的废料、支撑结构与工件分离，虽然SLA、FDM和3DP成形基本都无废料，但若有支撑结构，必须在成形后剥离；LOM成形无需专门的支撑结构，但是有网格状废料，也需在成形后剥离。剥离是一项费时的细致工作，主要有三种方法：

1）手工剥离。手工剥离法是操作者用手和一些较简单的工具使废料、支撑结构与制件分离，这是最常见的一种剥离方法。对于LOM成形的制品，一般用这种方法使网格状废料与工件分离。

2）化学剥离。当某种化学溶液能溶解支撑结构而又不会损伤制件时，可以用此种化学溶液使支撑结构与制件分离。例如，可用溶液来溶解蜡，从而使制件（热塑性塑料）与支撑结构（蜡）、基座（蜡）分离。这种方法的剥离效率高，制件表面较清洁。

3）加热剥离。当支撑结构为蜡，而成形材料为熔点比蜡高的材料时，可以用热水或适当温度的热空气使支撑结构熔化并与制件分离。这种方法的剥离效率高，制件表面较清洁。

**（2）修补、打磨和抛光工序** 当制件表面有较明显的小缺陷而需要修补时，可以用热熔性塑料、乳胶与细粉料混合而成的腻子，或湿石膏予以填补，然后用砂纸打磨、抛光。常用工具有各种粒度的砂纸、小型电动机或气动打磨机。

对于用纸基材料增材制造的制件，当其上有很小而薄弱的结构特征时，可以先在它们的表面涂一层增强剂（如强力胶、环氧树脂基漆或聚氨酯漆），然后再打磨、抛光。也可将这些部分从制件上取下，待打磨、抛光后再用强力胶或环氧树脂粘结、定位。用氨基甲酸涂覆的纸基制件，易于打磨，耐腐蚀、耐热、耐湿，表面光亮。

由于增材制造的制件有一定的切削加工和粘结性能，因此，当受到增材制造设备最大尺寸限制，而无法制造更大的制件时，可将大模型划分为多个小模型，再分别进行成形，然后在这些小模型的结合部位制造定位孔，并用定位销和强力胶予以连接，组合成整体的大制件。当已制造的制件局部不符合设计者的要求时，可仅仅切除局部，并且只补成形这一局部，然后将补做的部分粘到原来的增材制造制件上，构成修改后的新制件，从而可以大大节省时间和费用。

总之，对于增材制造的成形件，常用的抛光技术有砂纸打磨（Sanding）、珠光处理（Bead blasting）和化学抛光（Chemical polishing）。

1）砂纸打磨。虽然增材制造设备能够制造出高品质的零件，但不得不说，零件上逐层堆积的纹路是肉眼可见的，这往往会影响用户的判断，尤其是当外观是一个重要因素时，这就需要用砂纸打磨进行后处理了。

砂纸打磨可以用手工打磨，也可以用砂带打磨机等专业设备，砂纸打磨在处理较微小的零部件时会有问题，因为它是靠人手或机械的往复运动，不够精确。不过砂纸打磨处理起来还是比较快的。当零件有精度和耐用的最低要求时，一定不能过度打磨，要提前计算好打磨掉多少材料，否则过度打磨会使得零部件变形而报废。

2）珠光处理。操作人员手持喷头朝着需要抛光的对象高速喷射介质小珠从而达到抛光的效果。珠光处理一般比较快，约 5~10min 即可处理完成，处理过后产品表面光滑，有均匀的亚光效果。珠光处理比较灵活，可用于大多数增材制造材料。它可用于产品开发到制造的各个阶段，从原型设计到生产都能运用。珠光处理喷射的介质通常是很小的塑料颗粒，一般是经过精细研磨的热塑性颗粒。因为珠光处理一般是在一个密闭的腔室里进行的，所以它能处理的对象尺寸有限，而且整个过程需要用手拿着喷嘴，一次只能处理一个，因此不能用于大批量生产。珠光处理还可以为零部件后续进行的上漆、涂层和镀层做准备，这些表面涂覆工艺通常是为了使材料成为强度更高的高性能材料。

3）化学抛光。ABS 可用丙酮蒸汽进行抛光，可在通风橱内煮沸丙酮，熏蒸增材制造制件，市面上也有抛光机在售；PLA 不可用丙酮抛光，有专用的 PLA 抛光油。但化学抛光要掌握好度，因为都是以腐蚀表面作为代价的。图 2-22 所示为化学抛光效果图，总体来讲，目前化学抛光技术都还不够成熟。

a) 0.35mm层厚经化学抛光　　　b) 0.1mm层厚未抛光　　　c) 0.35mm层厚未抛光

图 2-22　化学抛光效果图

**（3）表面涂覆**　对于增材制造制件，典型的涂覆方法有以下几种。

1）喷刷涂料。在增材制造制件表面可以喷刷多层涂料，常用的涂料有液态金属和反应型液态塑料等。其中，油漆可以使用罐装喷射环氧基油漆、聚氨酯漆，其使用方便，有较好的附着力和防潮能力。所谓液态金属是一种粉末（如铝粉）与环氧树脂的混合物，在室温下成液态。当加入固化剂后，能在若干小时内硬化，其抗压强度为 7~80MPa，工作温度可达 140℃，有金属光泽和较好的耐温性。反应型液态塑料是一种双组液体：其中一种是液态异氰酸酯，用作固化剂；另一种是液态多元醇树脂。它们在室温（25℃）下按一定比例混合并产生化学反应后，能在约一分钟后迅速变成凝胶状，然后固化成类似 ABS 的聚氨酯塑料，将其涂刷在增材制造制件表面上，能够形成一层光亮的塑料硬壳，显著提高制件的强度、刚度和防潮能力。

2）电化学沉积。电化学沉积也称电镀。如图 2-23 所示，能在增材制造制件的表面涂覆镍、铜、锡、铅、金、银、铂、钯、铬、锌以及铅锡合金等，涂覆层厚可达 20~50μm 以上（甚至数毫米），最高涂覆温度为 60℃，沉积效率高。由于大多数增材制造制件不导电，因此，进行电化学沉积前，必须先在增材制造制件表面喷涂一层导电漆。

图 2-23　电化学沉积

进行电化学沉积时，沉积制件外表面的材料比沉积在内表面的多。因此，对具有深而窄的槽、孔的制件进行电化学沉积时，应采用较小的电镀电流，以免材料只堆积在槽的入口，而无法进入底部。

3）无电化学沉积。无电化学沉积也称无电电镀，它通过化学反应形成涂覆层，能在制件的表面涂覆金、银、铜、锡以及合金，涂覆层厚可达 $5\sim20\mu m$，涂覆温度为 60℃，平均沉积率为 $3\sim15\mu m/h$。沉积前，制件表面须先用 60℃、pH 值为 12 的碱水清洗 10min，然后用清水漂洗，并用含钯（$PdCl_2$）的电解液或胶水（60℃）催化不导电的涂覆表面 10min。

与电化学沉积相比，无电化学沉积有五个优点：①对形状较复杂的制件进行沉积时，能获得较均匀的沉积层，不会在突出和边缘部分产生过量沉积；②沉积层较致密；③无需导电；④能直接对非导电体进行沉积；⑤沉积层具有较一致的化学、力学和磁力特性。

4）物理蒸发沉积。物理蒸发沉积在真空室内进行，它分为三种方式：①热蒸发，属于低等粒子能量；②溅射，属于中等粒子能量；③电弧蒸发，属于高等粒子能量，包括阴极电弧蒸发和阳极电弧蒸发。

典型涂覆层厚为 $1\sim5\mu m$。对于最高涂覆温度为 130℃的阴极电弧蒸发，能在制件的表面涂覆硝酸铬（$CrNO_3$）等材料，通常涂覆层厚为 $1\mu m$，涂覆前表面须进行等离子体（如 $DF_4O_2$）浸蚀预处理（5min），以便提高涂覆时的粘结力。对于最高涂覆温度为 80℃的阴极电弧蒸发，能在制件的表面涂覆硝酸钛（$TiNO_3$），通常涂覆层厚为 $1\mu m$，涂覆前表面须进行等离子体（如 $CF_4/O_2$）浸蚀处理（10min）。对于最高涂覆温度为 80℃的阳极电弧蒸发，能在制件的表面涂覆铜等材料，通常涂覆层厚为 $1\mu m$，涂覆前表面须进行等离子体（如 $N_2O_2$）浸蚀处理（2min）。粒子能量越高，涂覆时的粘结性越好，其要求被涂覆表面的温度越高。

5）电化学沉积和物理蒸发沉积（或无电化学沉积）组合。电化学沉积和物理蒸发沉积组合沉积法综合了电化学沉积和物理蒸发沉积（或无电化学沉积）优点，扩大了涂覆材料的范围。

除了上述 5 种方法，还有金属电弧喷镀、等离子喷镀两种方法。

后处理是工艺链中的最后一步。这一阶段通常要用手工操作，不小心损坏增材制造加工部件的可能性很高。

清理任务指去除可能残留的多余材料。对 SLA 部件而言，需要去除残留在成品中的多余树脂，如去除部件盲孔中的残留物以及去除支撑。与此相似的是，对于 SLS 工艺中的部件，则是清理成品中残留的多余粉末。对 LOM 工艺中，要清理起支撑作用的每一片干净的纸片。更重要的是，出于安全考虑，清理 SLA 部件时，需要制订特定的后处理任务。将 SLA 部件加热以便于使用清洁剂清理。通常用清洁剂清除未发生光化学反应的残留光敏树脂。根据构建的形式和树脂的交联程度，部件还可能会发生扭曲变形。其变形程度会因构建的开口程度和与清洁剂的反应剧烈程度而变化。固化填充率越高和使用抗收缩率越大的活性剂材料，后期清理造成的损坏就会越小。

对于增材制造金属构件，后处理主要包括热处理、表面处理等。其中热处理方式应充分考虑增材制造工艺和成形态组织特点，以保证处理后的金属制件满足使用的要求。通常来讲，增材制造构件往往具有较高的残余应力水平，宜在 24h 内进行去应力热处理（例如退火）。具体的热处理工艺选择可参照国家标准 GB/T 39247—2020《增材制造 金属制件热处理工艺规范》。表面处理则通常根据零件使用情况选择性的采用机加工、喷丸处理工艺提高表面质量。

## 思考题

1. 简述从 CAD 模型到增材制造获得实体零件的工艺流程。
2. 增材制造制件误差产生的原因主要有哪些？
3. 什么是 STL 模型？按照数据储存方式的不同，STL 文件可分为哪两种格式？这两种格式有什么异同点？
4. 什么是 STL 模型切片？STL 模型切片的目的是什么？主要算法有哪些？
5. 在零件成形过程中，何种情况下，需要添加支撑结构？有哪几种支撑类型？分别有什么特点？
6. 列出增材制造技术可以使用的所有不同的材料类别。
7. 什么材料已经被批准用于医学应用，它们适合什么类型的应用？
8. 增材制造工艺的选用原则是什么？工艺选择时应考虑哪些因素？

## 参 考 文 献

[1] 樊佳. 基于 3D 打印技术的创意灯罩设计 [J]. 机械研究与应用，2017，30（05）：224-6.

[2] 姜康，郭磊，张腾，等. 基于绿色设计理念的增材制造技术研究 [J]. 制造技术与机床，2016（04）：31-8.

[3] 景绿路. 国外增材制造技术标准分析 [J]. 航空标准化与质量，2013（4）：44-48.

[4] 王从军. 薄材层叠增材制造技术 [M]. 武汉：华中科技大学出版社，2013.

[5] 闫春泽. 粉末激光烧结增材制造技术 [M]. 武汉：华中科技大学出版社，2013.

[6] 魏青松. 粉末激光融化增材制造技术 [M]. 武汉：华中科技大学出版社，2013.

[7] 魏青松. 增材制造技术原理及应用 [M]. 北京：科学出版社，2017.

[8] 钟山. 复杂曲面正向/逆向快速设计关键技术与增材制造数据处理方法研究 [D]. 广州：华南理工大学，2013.

[9] 葛正浩，岳奇，吉涛. 3D 打印控制系统研究综述 [J]. 现代制造工程，2021（10）：154-162.

[10] 刘梦梦，朱晓冬. 3D 打印成形工艺及材料应用研究进展 [J]. 机械研究与应用. 2021，34（04）：197-202.

[11] 张朝瑞，钱波，张立浩，等. 金属增材制造工艺、材料及结构研究进展 [J]. 机床与液压，2023，51（09）：180-196.

[12] 蒋威. 增材制造金属粉末检测方法及标准研究进展 [J]. 中国标准化，2022（13）：188-193.

[13] 杨延华. 增材制造（3D 打印）分类及研究进展 [J]. 航空工程进展，2019，10（03）：309-318.

[14] 杨占尧. 增材制造与 3D 打印技术及应用 [M]. 北京：清华大学出版社，2017.

[15] 余振新，杨特飞. 3D 打印技术培训教程：3D 增材制造（3D 打印）技术原理及应用 [M]. 广州：中山大学出版社，2016.

[16] 董向阳，沈震，岳智健，等. 陶瓷 3D 打印在医疗领域的研究与应用进展 [J]. 中国医学装备，2023，

20（03）：186-191.

［17］罗文峰，杨雪香，敖宁建. 生物医用材料的 3D 打印技术与发展［J］. 材料导报，2016，30（13）：81-6.

［18］ JAMHARI F I，FOUDZI F M，BUHAIRI M A，et al. Influence of heat treatment parameters on microstructure and mechanical performance of titanium alloy in LPBF：A brief review［J］. Journal of Materials Research and Technology，2023，24：4091-4110.

［19］CALIGNANO F，MANFREDI D，AMBROSIO E P，et al. Overview on Additive Manufacturing Technologies［J］. Proceedings of the IEEE，2017，99：1-20.

［20］CHIA H N，WU B M. Recent advances in 3D printing of biomaterials［J］. Journal of Biological Engineering，2016，9（1）：4.

［21］CUNICO M W M，CUNICO M M，CAVALHEIRO P M，et al. Investigation of additive manufacturing surface smoothing process［J］. Rapid Prototyping Journal，2017，23（1）：201-208.

［22］GIBSON I，ROSEN D W，STUCKER B. Additive Manufacturing Technologies：Rapid Prototyping to Direct Digital Manufacturing［M］. 2nd et al. New York：Springer，2010.

［23］HORN T J，HARRYSSON O L. Overview of current additive manufacturing technologies and selected applications［J］. Science Progress，2012，95（3）：255-282.

# 第 3 章

## 增材制造技术的常见工艺方法及其装备

# 3.1　激光选区烧结（SLS）

激光选区烧结（Selective Laser Sintering，SLS）由 Carl Robert Deckard 于 1988 年发明。SLS 工艺是利用粉末状材料成形的。由于该类成形方法有着制造工艺简单、柔性度高、材料选择范围广、材料价格便宜、成本低、材料利用率高、成形速度快等特点，因此 SLS 工艺主要应用于铸造业，并且可以用来直接制造原型模具。

## 3.1.1　SLS 的原理

SLS 技术基于离散堆积制造原理，通过计算机将零件三维 CAD 模型转化为 STL 文件，并沿 Z 方向分层切片，再导入 SLS 设备中。然后预先在工作台上铺一层粉末材料（金属粉末或非金属粉末），利用激光的热作用，根据零件的各层截面信息，选择性地将固体粉末材料层烧结成形，经过不断重复，层层堆积成形，直至模型完成。整个工艺装置由粉末供床、预热系统、激光器系统、计算机控制系统四部分组成。激光选区烧结的过程原理如图 3-1 所示。

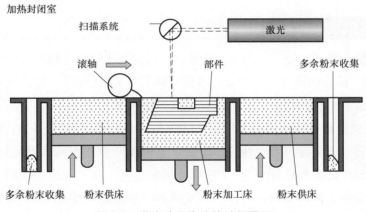

图 3-1　激光选区烧结的过程原理

## 3.1.2　SLS 的常用材料

激光选区烧结（SLS）成形加工的材料包括：高分子粉末、覆膜砂、金属基复合材料、陶瓷基复合材料等。

**（1）高分子粉末**　高分子粉末主要包括尼龙粉末、聚碳酸酯粉末、聚苯乙烯、ABS 粉末、铸造蜡粉末、环氧聚酯粉末、聚酯粉末、聚氯乙烯粉末、四氟乙烯粉末、共聚改性粉末材料等。从理论的角度来看，所有的热塑性粉末都可以通过 SLS 技术制造出各种形状的制件。

**（2）覆膜砂**　覆膜砂指在成形前将颗粒表面覆盖上一层固体树脂膜的型砂或芯砂。覆膜工艺有冷加工法和热加工法两种：冷加工法是用乙醇将树脂溶解，并在混砂过程中加入乌洛托品，使二者包覆在砂粒表面。乙醇挥发后，得到覆膜砂。热加工法是把砂粒预热到一定温度，加树脂使其熔融，搅拌使树脂包覆在砂粒表面，加乌洛托品水溶液及润滑剂，冷却、破碎、筛分得覆膜砂。覆膜砂可用于铸钢件和铸铁件。

**（3）金属基复合材料** 金属基复合材料的硬度高，有较高的工作温度，可用于增材制造高温模具。常用的金属基复合材料一般由金属粉末和粘结剂组合而成，这两种材料也有很多种类。金属粉末和粘结剂的分类，见表3-1。

表3-1 金属粉末和粘结剂的分类

| 金属粉末 | 粘结剂 |
| --- | --- |
| 不锈钢粉末、还原铁粉、铜粉、锌粉、铝粉 | 有机玻璃、聚甲基丙烯酸丁酯、环氧树脂、其他易于热降解的高分子聚合物 |

**（4）陶瓷基复合材料** 陶瓷基复合材料比金属基复合材料硬度高，工作温度也更高，也可用于增材制造高温模具，它一般由陶瓷粉末和粘结剂组合而成。在 SLS 工艺过程中，$CO_2$ 激光束产生热量熔化粘结剂，然后粘结陶瓷粉末使制件成形，最终在加热炉中经过烧结获得陶瓷工件。

### 3.1.3 SLS 的成形过程

SLS 成形过程一般可以分三个阶段：前处理、粉层激光烧结叠加和后处理。

**（1）前处理** 前处理阶段中，主要完成模型的三维 CAD 建模。将绘制好的三维模型文件导入特定的切片软件进行切片，最后将切片数据输入 SLS 设备中。

**（2）粉层激光烧结叠加** 如图 3-1 所示，加热前对成形空间进行预热，然后将一层薄薄的热可熔粉末涂覆在部件建造室。在这一层粉末上用 $CO_2$ 激光束选择性地扫描 CAD 部件最底层的横截面。SLS 设备通常提供 30~200W 的激光功率。激光束作用在粉末上，使粉末温度达到熔点，之后粉末颗粒熔化，再冷凝形成固体。激光束仅熔化 CAD 部件截面几何图形划定的区域，周围的粉末保持松散的粉状。在成形过程中，未经烧结的粉末对模型的空腔和悬臂部分起支撑作用，因此无须考虑支撑结构。当横截面被完全扫描后，通过滚轴机将新一层粉末涂覆到前一层之上，为下一层的扫描烧结做准备。重复操作，每一层都与上一层融合。每层粉末依次被堆积，直至打印完毕。

激光烧结加工的工艺参数主要有扫描速度、激光功率、激光烧结间距、光斑直径和单层厚度等。

1）扫描速度。在工艺窗口范围内扫描速度增大，尺寸误差向负方向减小，成形件强度减小。由于单位面积的能量密度减小，零件的尺寸精度和性能都受到相应的影响。扫描速度的增大也有利于提高生产效率。

2）激光功率。

① 由于激光具有方向性，热量沿激光方向传播，当激光功率增大，在宽度方向上会将更多的粉末烧结在一起。因此，尺寸误差向正方向增大，厚度方向的尺寸误差增大趋势要比长宽方向大。

② 在激光功率增大时，烧结件强度也会随着增大。当激光功率比较低时，粉末颗粒只是边缘熔化而粘结在一起，颗粒之间存在大量间隙，使得强度不会很高。而且激光功率过大会加剧因热收缩而导致的制件翘曲变形。

3）激光烧结间距和光斑直径。

① 当烧结间距过大，烧结的能量在平面上的每一个烧结点的均匀性降低。光斑直径过大时，高斯激光光斑中间温度高，边缘温度低，导致中间部分烧结密度高，边缘烧结不牢固，使烧结制件的强度降低。

② 当烧结间距过小，制件的成形效率将会严重降低。

4）单层厚度。

①随着单层厚度的增加，烧结制件的强度减小。需要熔化的粉末增加，向外传递的热量减少，使得尺寸误差向负方向减小。②单层层厚对成形效率有很大的影响，单层层厚越大，成形效率越高。

**（3）后处理**　激光烧结后的成形件，由于本身的力学性能比较低，表面粗糙度值也比较高，既不能满足作为功能件的要求，又不能满足精密铸造的要求，因此需要进行后处理。有时需进行多次后处理来达到零部件工艺所需要求。基于 SLS 工艺的金属零件直接制造过程如图 3-2 所示，其间接制造过程如图 3-3 所示。

图 3-2　基于 SLS 工艺的金属零件直接制造过程

根据坯体材料的不同，以及对制造件性能要求的不同，可以对烧结件采用不同的后处理方法，如高温烧结、热等静压烧结、熔浸和浸渍等。

1）高温烧结。高温烧结阶段会形成大量闭孔，并持续缩小，使孔隙尺寸和孔隙总数有所减少，烧结体密度明显增加。在高温烧结后处理中，升高温度有助于界面反应，并且延长保温时间有助于通过界面反应建立平衡，可改善部件的密度、强度、均匀性等性质。在高温烧结后，坯体密度和强度增加，性能也得到改善。

2）热等静压烧结。热等静压烧结工艺是将制品放置到密闭的容器中，使用流体介质，向制品施加各向同等的压力，同时施以高温，在高温高压的作用下，使制品的组织结构致密化。热等静压烧结温度要求均匀、准确、波动小。热等静压烧结包括三个阶段：升温、保温和冷却。通过热等静压烧结处理后，制品可以达到近乎 100% 致密化，提高制品的整体力学性能，这是很难通过其他后处理方法获得的。

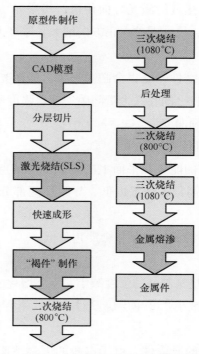

图 3-3 基于 SLS 工艺的金属零件间接制造过程

3）熔浸。熔浸是将金属或陶瓷制件与另一个低熔点的金属接触或浸埋在液态金属内，让液态金属填充制件的孔隙，冷却后得到致密的零件。在熔浸处理过程中，制件的致密化过程不是靠制件本身的收缩，而主要是靠液相从外部填满空隙。所以经过熔浸后处理的制件致密度高，强度大，基本不产生收缩，尺寸变化小。

4）浸渍。浸渍工艺类似于熔浸，不同之处在于浸渍是将液体非金属材料浸渍到多孔的选择性激光烧结坯体的孔隙内，并且浸渍处理后的制件尺寸变化更小。

## 3.1.4 SLS 设备

SLS 设备的核心器件主要包括激光器、振镜扫描系统、粉末传送系统、成形腔、气体保护系统和预热系统等。其中，SLS 设备主要采用 $CO_2$ 激光器。振镜扫描系统由光学扫描头、电子驱动放大器和光学反射镜片组成，在 XY 平面控制激光束的偏转。粉末传送系统主要由送粉和铺粉两部分构成，送粉通常采用两种方式（见图 3-4），一种是粉末供床送粉方式，即通过粉末供床的升降完成粉末的供给；另一种是上落粉方式，即将粉末置于机器上方的容器内，通过粉末的自由下落完成粉末的供给。铺粉系统也有铺粉辊和刮刀两种方式。成形腔主要由腔体和升降工作平台组成，升降工作平台可以沿 Z 轴上下移动。气体保护系统的功能为向封闭的成形腔体内通入惰性气体（一般为 Ar 或 $N_2$），以减少成形材料的氧化降解，同时促进工作台面温度场的均匀性。预热系统主要用于预热粉末，使烧结产生的收缩应力尽快松弛，从而减小制件的翘曲变形。

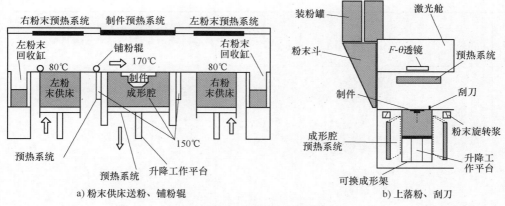

图 3-4　两种不同的粉末传送系统

a) 粉末供床送粉、铺粉辊　　　　　　b) 上落粉、刮刀

1986 年第一台 SLS 样机问世，1992 年 DTM 公司推出了商业化 SLS 设备 SinterStation，开启了 SLS 的商业化。目前，最知名的 SLS 设备制造商当属美国 3D Systems 和德国 EOS 两家公司。3D Systems 公司目前主要提供 sPro 系列 SLS 设备，采用 30~200W 的 $CO_2$ 激光器以及高速振镜扫描系统，扫描速度达 5~15m/s，最大成形空间达 550mm×550mm×750mm。德国 EOS 公司是近年来 SLS 设备销售最多、增长速度最快的制造商，其设备的制造精度、成形效率及材料种类处于世界领先水平，具体包括 P 型和 S 型多系列 SLS 设备。其中，P 型 SLS 设备主要用于成形尼龙、PEEK 等高性能塑料零件。采用 30~50W 的低功率 $CO_2$ 激光器，双激光扫描系统提高了成形效率，扫描速度为 5~8m/s。另外，还生产一款专门用于铸造砂型成形的 S750 型双激光 SLS 设备，成形腔尺寸达 720mm×720mm×380mm。

在国内，有多家单位进行 SLS 的相关研究工作，如华中科技大学、南京航空航天大学、西北工业大学、中北大学和北京隆源自动成形系统有限公司等都对 SLS 的相关研究做出了突出贡献。但是，生产和销售的 SLS 设备类型不多、规格少，设备的稳定性较国外先进水平还有差距。华中科技大学通过武汉华科三维科技有限公司实现了 SLS 设备商品化生产和销售。通过对高强度成形材料、大台面预热技术以及多激光高效扫描等关键技术的研究，陆续推出了 1m×1m、1.2m×1.2m、1.4m×0.7m 等系列大台面 SLS 设备。目前主流的激光选区烧结增材制造设备的相关参数见表 3-2。

表 3-2　主流的激光选区烧结增材制造设备的参数

| 单位 | 型号 | 外观图片 | 成形尺寸 | 激光器 | 成形效率 | 扫描速度/（m/s） | 针对材料 |
|---|---|---|---|---|---|---|---|
| EOS（德国） | FORMIGA P 110 | | 200mm×250mm×330mm | 30W $CO_2$ 激光器 | 20mm/h | 5 | 尼龙 11、尼龙 12 及其复合材料、PS、TPA 等 |

（续）

| 单位 | 型号 | 外观图片 | 成形尺寸 | 激光器 | 成形效率 | 扫描速度/（m/s） | 针对材料 |
|------|------|----------|----------|--------|----------|------------------|----------|
| EOS（德国） | EOS P 396 | | 340mm×340mm×600mm | 70W CO$_2$ 激光器 | 48mm/h | 6 | 尼龙 11、尼龙 12 及其复合材料、PS、TPA 等 |
| | EOSINT P 760 | | 700mm×380mm×580mm | 50W 双 CO$_2$ 激光器 | 32mm/h | 6 | |
| | EOSINT P 800 | | 700mm×380mm×560mm | 50W 双 CO$_2$ 激光器 | 7mm/h | 6 | 尼龙 11、尼龙 12 及其复合材料、PS、TPA、PEEK 等 |
| 3D Systems（美国） | ProX SLS 500 | | 381mm×330mm×460mm | CO$_2$ 激光器 | 1.8l/h | — | 尼龙 |
| | sPro 60 HD-HS | | 381mm×330mm×460mm | CO$_2$ 激光器 | 1.8l/h | — | 尼龙及其复合材料、PS、TPU 等 |
| | sPro 140 | | 550mm×550mm×460mm | CO$_2$ 激光器 | 3.0l/h | — | 尼龙及其复合材料、PP、ABS、PS 等 |
| | sPro 230 | | 550mm×550mm×750mm | CO$_2$ 激光器 | 3.0l/h | — | 尼龙及其复合材料、PP、ABS、PS 等 |

（续）

| 单位 | 型号 | 外观图片 | 成形尺寸 | 激光器 | 成形效率 | 扫描速度/（m/s） | 针对材料 |
|------|------|----------|----------|--------|----------|------------------|----------|
| 武汉华科三维科技有限公司 | HK S500 | | 500mm×500mm×400mm | 55W CO$_2$激光器 | — | 5 | PS、覆膜砂 |
| | HK S1400 | | 1400mm×1400mm×500mm | 4×100W CO$_2$激光器 | — | 5 | |
| | HK P500 | | 500mm×500mm×400mm | 55W CO$_2$激光器 | — | 6 | |

## 3.1.5 SLS 的优点和缺点

SLS 增材制造工艺的特点归纳起来主要有以下几点：

**（1）材料范围广** 从理论上讲，任何受热粘结的粉末都有可能被用作 SLS 工艺的成形材料，通过材料或各类具有粘结剂涂层的颗粒制造出适应不同需要的造型，并且材料的开发前景非常广阔。

**（2）可直接成形零件** SLS 工艺在制造过程中无须增加支撑结构，在叠层过程中出现的悬空层面可直接由未烧结的粉末来实现支撑。由于可用多种材料，选择性激光烧结工艺按采用的原料不同，可以直接生产复杂形状的原型、型腔模三维构件或部件及工具。SLS 工艺对具有复杂内部结构的零部件的制造尤为适合。

**（3）精度高，材料利用率高** 根据所用材料的种类和粒径、工件的几何形状和复杂程度，SLS 增材制造工艺通常能够在工件整体范围内实现±（0.05~2.5mm）的公差。对于复杂程度不太高的产品，当粉末的粒径为 0.1mm 或更小时，所成形的工件精度可达到±0.01mm。因为粉末材料可循环使用，其利用率可接近 100%。

**（4）材料价格便宜，成本低** 一般 SLS 增材制造材料的价格为 60~800 元/kg。材料价格相对便宜，生产成本较低。

**（5）应用面广，生产周期短** 由于成形材料的多样化，使得 SLS 工艺适合于多种应用领域，例如，用陶瓷基粉末制造铸造型壳、型芯和陶瓷件，用热塑性塑料制造消失模，用蜡制造精密铸造蜡模，用金属基粉末制造金属零件等。因为各项高新技术的集中应用，使得 SLS 成形方法的生产周期非常短。

除了上述优点，SLS 增材制造也存在一定的缺点，如后处理复杂，能量消耗高，对某些特定材料还需要单独处理等。

### 3.1.6 SLS 的典型应用

近年来，SLS 增材制造已经成功应用于汽车、船舶、航天和航空等制造行业，为许多传统制造行业注入了新的生命力和创造力。SLS 工艺有以下几种典型应用案例。

**（1）快速原型制造** SLS 可快速制造出所设计零件的原型，并及时进行评价、修正，以提高产品的设计质量，并且可获得直观的模型。如图 3-5 所示为由 SLS 工艺制造出来的汽车及零件原型。

图 3-5 SLS 快速原型制造应用

**（2）快速模具和工具制造** SLS 制造的零件可以直接作为模具使用，如砂型铸造用模、金属冷喷模、低熔点合金模等。也可将成形件进行后处理，作为功能性零部件使用。如图 3-6 所示为运用 SLS 制造的砂型型芯。

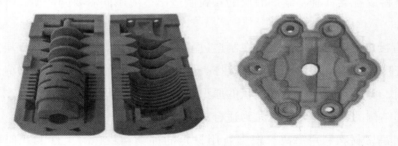

图 3-6 SLS 制造的砂型型芯

**（3）单件或小批量生产** 对于无法批量生产或形状复杂的零件，可利用 SLS 来制造，从而降低成本，节约生产时间。这对航空航天及国防工业来说具有重大的意义。

## 3.2 激光选区熔化（SLM）

激光选区熔化（Selective Laser Melting，SLM）是 20 世纪 90 年代中期在 SLS 工艺的基础上发展起来的。SLM 工艺克服了 SLS 工艺在制造金属零件时工艺相对复杂的困扰。

SLM 工艺可利用高强度激光熔融金属粉末，从而快速成形出致密且力学性能良好的金属零件。

## 3.2.1　SLM 的原理

SLM 的原理为：在高能量密度激光作用下，使金属粉末完全熔化，经冷却凝固，层层累积成形出三维实体。常用 SLM 设备的工作原理如图 3-7 所示。

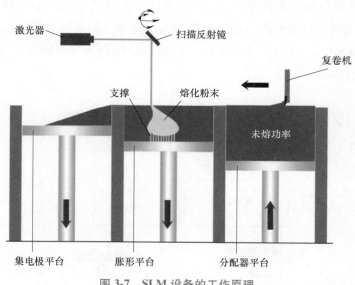

图 3-7　SLM 设备的工作原理

SLM 设备使用激光器，通过扫描反射镜控制激光束熔融每一层的轮廓。金属粉末被完全熔化，而不是使金属粉末烧结粘结在一起，因此，强度和精度都高于激光选区烧结成形。

## 3.2.2　SLM 的常用材料

目前可用于激光选区熔化（SLM）工艺的合金包括不锈钢、钴铬合金、镍基合金、铝合金（Al-Si-Mg）和钛合金（Ti6Al4V）等。马氏体钢具有高强度和韧性，良好的焊接性和时效热处理时的尺寸稳定性等优良性能，主要用于航空航天领域。由于其优越的力学特性和焊接性，所以可用来制造具有优异可加工性的工具。在海洋、生物医学设备和燃料电池制造中也被广泛应用。

钴-铬-钼基高温合金具有优异的力学性能、耐腐蚀性及耐高温性，且拉伸性能和抗疲劳性能良好。多年来，钴-铬-钼基超合金是最知名的生物相容性合金之一，常用于生物医学领域，如牙科修复和矫形植入物。

镍基高温合金（铬镍铁合金、雷诺合金等）由于具有高延展性，良好的拉伸性能以及一定的耐蚀性和耐氧化性，而被用于部分飞机涡轮发动机、高速机架部件、高温螺栓和紧固件的制造，还可应用于核工业领域。

铝合金是航空和汽车工业轻量化应用的主要材料。AlSi10Mg 是具有良好成形性能的铸造铝合金。AlSi10Mg 的组成接近 Al-Si 共晶，它的铸造性和焊接性良好。由于这些原因，Al-Si10Mg 是 SLM 工艺的良好备选材料。

### 3.2.3　SLM 的成形过程

SLM 的成形过程与 SLS 非常相似，由前处理、分层激光熔化和后处理组成。其主要区别是 SLM 熔融金属材料温度极高，通常要使用惰性气体，如氩气来控制氧气的气氛。其次 SLM 使用单纯金属粉末，而 SLS 使用添加了粘结剂的混合粉末，使得成品质量差异较大。SLM 成形过程如图 3-8 所示。

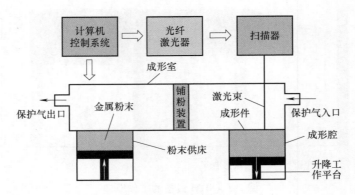

图 3-8　SLM 成形过程

整个工艺装置由粉末供床和成形腔组成，首先在计算机上利用三维建模软件设计出零件的三维实体模型，通过切片软件对该三维 CAD 数据模型进行路径扫描并切片、SLM 设备计算机逐层读入路径信息文件，SLM 设备再根据路径信息文件控制激光束进行二维扫描，有选择地熔化固体粉末材料以形成零件的一个层面。然后成形腔的升降工作平台下降一个加工层厚的高度，同时粉末供床上升一定的高度，铺粉装置将粉末从粉末供床刮到成形腔，设备调入下一层轮廓的数据进行加工，如此重复，层层熔化并堆积成组织致密的实体，直至三维零件成形完成。

SLM 工艺在加工成形时，需要支撑结构。支撑结构的作用是承接下一层未成形粉末层，防止激光扫描到过厚的金属粉末层，发生塌陷；由于成形过程中粉末受热熔化冷却后，内部存在收缩应力，易导致零件发生翘曲等，支撑结构连接已成形部分与未成形部分，可有效抑制这种收缩，能使成形件保持应力平衡。

整个加工成形过程，是在通有惰性气体保护的加工室中进行，以避免金属在高温下与其他气体发生反应。但是目前这种技术受成形设备的限制，无法成形出大尺寸的零件。

SLM 成形过程中的球化现象应引起重视。球化现象通常是指在增材制造过程中，金属粉末在激光束作用下形成熔融状态的熔池，不同的工艺参数会使冷却后的熔池形状不同，如果形成多个熔池相互搭接的形貌，则能堆积构成零件整体，未能搭接的熔池则会部分或者全部形成独立的金属球，称为球化现象。球化现象对SLM成形过程和质量有重要影响，会使成形层留有大量孔隙，降低零件的强度和致密度，而且也妨碍下一粉末层的铺放，成形质量会变差，成形的过程也受到破坏。

球化现象主要出现在低功率、高扫描速率和较大层厚情况下，即较低激光能量密度时，球化现象比较明显。可以通过适当地调整激光功率、扫描速度、扫描间隔、铺粉厚度、保护气氛等工艺参数，减弱球化现象。

大部分的单一金属粉末在激光的作用下都会发生球化现象，如镍粉、锌粉、铝粉和铅粉等。其中铝粉和铅粉球化现象最为明显。铁粉的球化现象不是很明显，其球化的颗粒也较小。实验证明，在采用惰性气体保护时，球化现象明显减弱。

## 3.2.4　SLM设备

SLM设备与SLS设备的主要结构类似，由于SLM工艺需要更高的激光功率熔化被加工材料，因此主要采用光纤激光器。

目前，欧美等发达国家在SLM设备的研发及商业化进程上处于领先地位。早在1995年，德国的Fraunhofer就提出了SLM技术，并于2002年研制成功。随后，2003年底，德国MCP-HEK公司生产出第一台SLM设备，利用该设备加工出来的工件致密度达到了100%，可以直接应用于工业领域。德国的EOS公司是目前全球最大，也是技术最为领先的激光选区熔化增材制造成形系统的制造商。该公司最新推出的EOSINT M290激光选区熔化系统，采用的是Yb-fibre激光发射器，具有高效能、长寿命，光学系统精准度高的特点，可成形尺寸为250mm×250mm×325mm。

从2000年开始，我国初步实现的产业化设备已接近国外产品水平，改变了该类设备早期依赖进口的局面。在国家和地方政府的支持下，全国建立有多个SLM增材制造服务中心，设备用户遍布医疗、航空航天、汽车、军工、模具、电子电器、船舶制造等行业，极大地推动了我国制造技术的发展。

2014年，武汉华科三维科技有限公司推出了HK系列设备。该类设备材料利用率超过了90%，特别适合于钛合金、镍合金等贵重和难加工金属零部件的制造，其中HK M250采用Fiber laser 400W激光器，可成形尺寸为250mm×250mm×250mm。

2015年，湖南华曙高科技有限公司研发了全球首款开源可定制化的SLM工艺增材制造设备FS271M，如图3-9所示。该产品具有两大特点：一是控制系统软件开源，二是设备的安全性高。2016年，该公司针对高校、研究院所及医疗行业开发了FS121M型SLM工艺增材制造设备。该设备拥有全开放式系统，成形尺寸为120mm×120mm×100mm，可实现多种金属材料的加工制造。

目前主流的激光选区熔化增材制造设备的相关参数见表3-3。

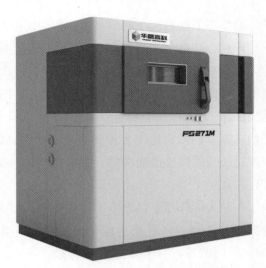

图 3-9 可定制化的 SLM 工艺增材制造设备 FS271M

表 3-3 主流的激光选区熔化增材制造设备的参数

| 单位 | 型号 | 外观图片 | 成形尺寸 | 激光器 | 成形效率 | 扫描速度/(m/s) | 针对材料 |
|---|---|---|---|---|---|---|---|
| EOS（德国） | EOSINT M290 | | 250mm×250mm×325mm | Yb 光纤激光器 400W | 2~30mm³/s | 7 | 不锈钢、工具钢、钛合金、镍基合金、铝合金 |
| | EOSINT M400 | | 400mm×400mm×400mm | Yb 光纤激光器 1000W | — | 7 | |
| 3D Systems（美国） | ProX 300 | | 250mm×250mm×300mm | 500W 光纤激光器 | — | — | 不锈钢、工具钢、有色合金、超级合金、金属陶瓷 |
| Concept Laser（德国） | Concept M2 | | 250mm×250mm×280mm | 200~400W 光纤激光器 | 2~10cm³/h | 7 | 不锈钢、铝合金、钛合金、热作模具钢、钴铬合金、镍合金 |

（续）

| 单位 | 型号 | 外观图片 | 成形尺寸 | 激光器 | 成形效率 | 扫描速度/（m/s） | 针对材料 |
|---|---|---|---|---|---|---|---|
| SLM Solutions（德国） | SLM 280HL | | 280mm×280mm×350mm | 2×400W/1000W 光纤激光器 | 35cm³/h | 15 | 不锈钢、工具钢、模具钢、钛合金、纯钛、钴铬合金、铝合金、高温镍基合金 |
| | SLM 500HL | | 500mm×280mm×325mm | 400W/1000W 光纤激光器 | 70cm³/h | 15 | |

## 3.2.5　SLM 的优点和缺点

### 1. 优点

（1）**零件成形精度高**　激光光斑的直径非常小，加工出来的金属零件具有很高的尺寸精度，一般可达 0.1mm，表面粗糙度值可达 $Ra\,25\sim50\mu m$。因为光斑能量高，可以熔化较高熔点的金属，所以相较于传统的单一金属材料加工，SLM 可加工混合金属制成品。这样可供选用的金属粉末种类也就大大拓展了。

（2）**零件致密性好**　激光选区熔化技术使用相应的金属粉末制造零件。由于单纯金属粉末的致密性，相对密度可接近 100%，这大大提高了金属部件的性能。由材料直接制成终端金属制品，缩短了成形周期。同时，解决了传统机械加工中复杂零件加工死角等问题，因此可用于制造复杂的金属零部件。

### 2. 缺点

（1）**加工制造工艺相对复杂**　SLM 是一项工艺复杂的增材制造技术，涉及参数众多，如粉末粒度、扫描速度、激光功率、扫描方式等。这些参数对 SLM 工艺加工过程、产品外形及性能有不同程度的影响，且参数之间也相互影响。如果对这些参数加以控制，就可得到成形良好、性能优异的成形件。如果这些参数不能合理地进行选择，则会在 SLM 过程中出现一些典型问题，如球化、孔隙、残余应力及应变等，并对成形件的显微组织产生影响。

（2）**需要用高功率密度的激光**　为保证成形精度以及得到高致密性金属零件，SLM 工艺要求激光束能聚焦到几十微米大小的光斑，以较快的扫描速度熔化大部分的金属材料，并且不会因为热变形影响成形零件的精度，这就需要用到高功率密度的激光器，但是高功率密度激光器价格昂贵。

（3）**SLM 工艺成本高**　目前工业级别的 SLM 设备的价格较高。国外 SLM 设备售价在 500 万~700 万元人民币，这还不包括后续的材料使用费等，一般制造企业通常承担不了如此高的成本。这从市场的角度是非常不利于 SLM 的推广的，如何降低工业用 SLM 增材制造设备的成本也是近年来有待解决的重要问题。

## 3.2.6　SLM 的典型应用

SLM 增材制造的应用范围比较广，主要用于机械领域的工具及模具、生物医疗领域的生物植入零件或替代零件、电子领域的散热元器件、航空航天领域的超轻结构件、梯度功能复合材料零件。

如图 3-10 所示是由 SLM Solutions 的 SLM 增材制造设备成功制造出的钢轮胎模具，它最薄处厚度只有 0.3mm，免去了冲压、折弯这些价格不菲的工艺，同时还省去了人工安装和焊接的成本。

图 3-10　SLM 制造的钢轮胎模具

利用 SLM 工艺成形的铝合金在力学性能等方面优于直接制造的复杂结构的铝合金铸件。目前，德国 EOS 公司利用 SLM 工艺成形的 AlSi10Mg 合金零件已成功应用在航空和汽车制造业。如图 3-11 所示为 SLM 工艺成形的 AlSi10Mg 合金零件。

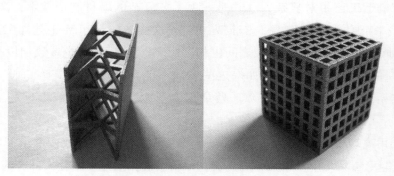

图 3-11　SLM 工艺成形的 AlSi10Mg 合金零件

# 3.3　激光定向能量沉积（LDED）

激光定向能量沉积（Laser Directed Energy Deposition，LDED）技术是在激光熔覆工艺基础上产生的一种激光增材制造技术，其思想最早是在 1979 年由美国技术联合研究中心（United Technologies Research Center，UTRC）的 Brown C O 等人提出的。1996 年，美国 Sandia 国家实验室与美国联合技术公司（UTC）共同开发了 LDED 工艺。1998 年，美国 Optomec Design 公司推出了商品化激光定向能量沉积增材制造系统 LENS750 及其复合制造系统。之后美国 AeroMet 公司基于 LDED 的原理，研究了激光定向能量沉积直接成形钛合金（Ti-6Al-4V）工艺，为了提高成形效率，采用了高功率 $CO_2$ 激光器（14kW 和 18kW），使得该工艺用于较大体积零件的制造成为可能，该工艺制造的零件力学性能满足 ASTM 标准，已有多种钛合金零件获准航空使用，并应用于复杂零件的尺寸修复。

## 3.3.1　LDED 的原理

LDED 技术是以激光作为热源，以预置或同步送粉（丝）为成形材料，在增材制造技术的基础上融合激光熔覆技术而形成的增材制造技术。其成形原理示意图如图 3-12 所示，先由计算机或反求技术生成零件的实体模型，按照一定的厚度对实体模型进行切片处理，使复杂的三维实体零件离散为二维平面，获取各二维平面信息进行数据处理并加入合适的加工参数，之后将其转化为数控机床工作台运动的轨迹信息，以此来驱动激光工作头和工作台运动。在激光工作头和工作台运动过程中，金属粉末通过送粉装置和喷嘴送到激光所形成的熔池中，熔化的金属粉末沉积在基体表面凝固后形成沉积层，激光束相对金属基体做平面扫描运动，从而在金属基体上按扫描路径逐点、逐线熔覆出具有一定宽度和高度的连续金属带，成形一层后在垂直方向做一个相对运动，接着成形后续层，如此重复，最后构成整个金属零件。

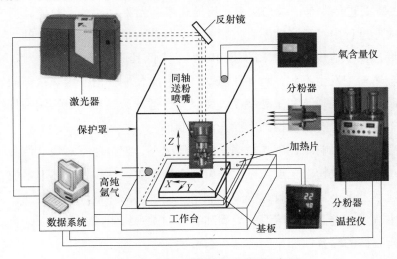

图 3-12　LDED 技术成形原理示意图

## 3.3.2 LDED 的常用材料

用于 LDED 的成形材料目前主要为钢、钛、镍等合金，见表 3-4。

表 3-4  目前 LDED 技术成形的材料

| 国别 | 研究机构 | 成形材料 |
|---|---|---|
| 美国 | Sandia 国家实验室 | 钢、镍、钛等合金 |
| 美国 | 俄亥俄州立大学 | 钛铬、钛铌合金 |
| 英国 | 伯明翰大学 | 钛合金等 |
| 中国 | 北京有色金属研究总院 | 钢、铜、镍等合金 |
| 中国 | 西北工业大学 | 镍、钛、钢等合金 |
| 中国 | 上海交通大学 | 镍、钛、钢等合金 |
| 中国 | 清华大学 | 镍基高温合金 |

## 3.3.3 LDED 的成形过程

LDED 成形过程即由一系列点（激光光斑诱导产生的金属熔池）形成一维扫描线（单熔覆道），再由线搭接形成二维面，最后由面形成三维实体。LDED 与 SLM 的加工工艺基本一样，区别在于 LDED 的送粉部分，其通过一个喷嘴传送金属粉末，而 SLM 则通过粉末供床和铺粉辊进行铺粉熔化。金属零件在基板上成形，在保护气的保护作用下，送料装置将粉末喷到熔池内熔化，通过激光喷嘴的移动以及工作台的移动变换零件熔化区域，如此循环进行，最终堆积成金属零件。在整个堆积过程中，通过控制堆积层的厚度和熔池的温度来控制零件的成形，从而保证生产出来的零件能够满足加工要求。

LDED 中主要工艺参数有：激光功率、扫描速率、光斑直径、送粉量、扫描线间搭接率等。在 LDED 成形过程中，激光功率直接影响着零件能否最终成形。功率的大小决定着功率密度，功率密度过低，造成金属粉末的液相减少，降低其成形性。相反，若功率密度过高，则会造成部分金属粉末发生汽化，增加孔隙率，并且会使制件由于吸热过多而发生严重的翘曲变形，增加制件的宏观裂纹和微观裂纹。所以，合适的激光功率是影响制件性能的重要条件。适当的功率密度可以有助于得到表面光洁的制件。

扫描速率有着重要影响。在激光功率一定的情况下，扫描速率过快会使激光作用于某点处的粉末时间过短，导致粉末在加工过程中出现飞溅现象，使得粉末飞离熔池，从而影响制件性能。扫描速率过慢，粉末吸收过多激光能量，使过多的热量聚集在熔池，会导致部分熔点低的粉末发生汽化，进而影响熔池的凝固和制件的微观组织成分。所以，合适的激光扫描速率有助于提高制件的综合性能，如硬度、致密度等。

理论上，光斑直径越小越好，在 LDED 成形过程中，采用同轴送粉法送粉，粉末落点的大小有一定的数值范围。光斑的大小必须根据粉末落点的大小进行选取。

对送粉量的要求是稳定、均匀和可控。要得到表面光滑致密的扫描线，粉层的厚度必须大于粉末体系中大颗粒直径的两倍。同时，送粉量也不能过大，过大的送粉量会使粉层无法受到激光的充足照射，粉末发生不完全熔化，影响制件的性能。

## 3.3.4　LDED 设备

LDED 设备通常可以分为激光系统、数控系统、送料系统、气氛控制系统和反馈控制系统五部分。

激光系统由激光器及其辅助设施（气体循环系统、冷却系统、充排气系统等）组成，激光器作为熔化金属粉末的高能量密度热源，它是 LDED 技术系统的核心部分，其性能将影响激光定向能量沉积成形的效果。

LDED 的送料系统分为送粉类系统和送丝类系统。送粉类系统通常由两部分组成：送粉器和送粉喷头。其中送粉器要能保证送粉的均匀性、连续性和稳定性。送粉喷头则要保证粉末准确、稳定的送入光斑内，这些都是制造出高质量零件的保证。送粉方式有侧向送粉和同轴送粉两种方式，现在用得更多的是同轴送粉法。同轴送粉的原理是将多束粉末流与光轴交汇，交汇后的粉末流送到光斑的中心位置。由于粉末流呈对称形状，在整个粉末流分布均匀以及粉末流与激光束完全同心的前提下，沿平面内各个方向堆积粉末时，粉末的利用率是不变的。因此，同轴喷嘴没有成形方向性问题，能够完成复杂形状零件的成形。同时惰性气体能在熔池附近形成保护性气氛，能够较好地解决成形过程的材料氧化问题。实现激光同轴送粉的一个关键问题在于获得与激光束同轴输出的轴对称均匀分布的粉末流，故一般采用多路送粉合成方案，即令多路粉末流均等地围绕中心轴线，输入送粉工作头的粉管区。分散后每路粉流展成一个弧形粉帘，多路粉帘相接，合成一个圆形粉帘从光轴中心喷出。

同轴送粉器包括送粉器、送粉喷嘴和保护气路三部分。送粉器包括粉料箱和粉末定量供给机构，粉末的流量由步进电动机的转速决定。从送粉器流出的金属粉末经粉末分离器平均分成 4 份，并通过软管流入送粉喷嘴，金属粉末从喷嘴喷射到激光焦点的位置，完成熔化堆积过程。全部粉末路径由保护气体推动，保护气体将金属粉末与空气隔离，从而避免金属粉末氧化。LDED 系统同轴送粉器结构示意图如图 3-13 所示。在粉末输送过程中，气压波动容易导致粉末流场发生变化，经过同轴喷嘴的粉末流场汇聚特性直接决定熔覆层的尺寸、精度和性能。粉末流场分布特性是由同轴喷嘴的粉腔锥角、粉腔间隙及粉末在粉腔中导程等几何结构决定的。

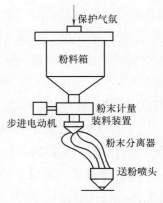

图 3-13　LDED 系统同轴送粉器结构示意图

## 3.3.5 LDED 的优点和缺点

**1. 优点**

**（1）可直接制造结构复杂的金属功能零件或模具**　特别适于成形垂直或接近垂直的薄壁类零件。

**（2）可加工的金属或合金材料范围广泛，并能实现异质材料零件的制造**　可适应多种金属材料的成形，并可实现非均质、梯度材料的零件制造。该工艺在制造功能梯度材料方面具有独特优势，有广阔的发展前景。通过调节送粉装置，逐渐改变粉末成分，可在同一零件的不同位置实现材料成分的连续变化，因此，LDED 在加工异质材料（如功能梯度材料）方面具有独特的优势。

**（3）可方便加工熔点高、难加工的材料**　LDED 的实质是计算机控制下金属熔体的三维堆积成形。与 SLM 不同的是，金属粉末在喷嘴中就已处于加热熔融状态，故其特别适于高熔点金属的激光增材制造。

**（4）制件力学性能好，几乎可达完全致密**　金属粉末在高能激光作用下快速熔化并凝固，显微组织十分细小且均匀，一般不会出现传统铸造和锻件中的宏观组织缺陷，因此具有良好的力学性能。同时，由于金属粉末完全熔化再凝固，组织几乎完全致密。

**（5）可对零件进行修复和再制造，延长零件的生命周期**　由于 LDED 对成形的位置并不像 SLM 那样局限在基板之上，它拥有更大的灵活性，因此可以在任意复杂曲面上进行金属材料堆积，从而可以对零件实现修复，弥补零件出现的缺陷，从而延长零件的生命周期。

**2. 缺点**

由于 LDED 的层层添加性，沉积材料在不同的区域重复经历着复杂的热循环过程。一方面，LDED 热循环过程涉及熔化和在较低温度的再加热周期过程，这种复杂的热行为导致了复杂相变和微观结构的变化。因此，控制成形零件所需要的成分和结构，存在较大的难度。另一方面，采用细小的激光束快速形成熔池导致较高的凝固速率和熔体的不稳定性。由于零件凝固成形过程中热量的瞬态变化，容易产生复杂的残余应力。残余应力的存在必然导致变形的产生，甚至在 LDED 制件中产生裂纹。成分、微观结构的不可控性及残余应力的形成是 LDED 技术面临的主要难题。

**（1）LDED 过程中的冶金缺陷**　体积收缩过大和粉末爆炸迸飞；微观裂纹、成分偏析、残余应力缺陷严重影响了零件的质量，限制了其使用。

**（2）精度低**　目前大部分系统都采用开环控制，在保证金属零件的尺寸精度和形状精度方面还存在缺陷；LDED 技术使用的是千瓦级的激光器，由于采用的激光聚焦光斑较大，一般在 1 mm 以上，虽然可以得到冶金结合的致密金属实体，但其尺寸精度和表面质量都不太好，需进一步进行机加工后才能使用。

（3）形状及结构限制　LDED 对制件的某些部位如边、角的制造也存在不足，制造出精度高和表面粗糙度值小的水平、垂直面都比较困难。制造悬臂类特征存在很大困难，制造较大体积的实体类零件则存在一定难度。对于复杂弯曲金属零件采用 LDED 技术必须设置支撑部分，支撑部分的设置可能给后续加工带来麻烦，同时增加制造的成本。

（4）粉末限制　目前所使用的金属粉末多为特制粉末，通用性较低而且价格昂贵。

## 3.3.6　LDED 的典型应用

Boeing、GE、Rolls-Royce、MTS 等全球知名的航空产品供应商均积极支持 LDED 技术的研发与应用。MTS 公司旗下的 AeroMat 是目前将 LDED 技术实际应用到航空领域最成功的例子，他们采用 LDED 技术制造 F/A-18E/F 战斗机钛合金机翼件，可以使生产周期缩短 75%，成本节约 20%。然而 AeroMat 最终未生产出性能满足主承力要求、尺寸大、结构复杂的钛合金构件，未实现在飞机上的应用。图 3-14 所示为 LDED 技术制造的薄壁复杂零件。

图 3-14　LDED 技术制造的薄壁复杂零件

北京航空航天大学的王华明院士率先突破飞机大型整体钛合金及超高强度钢主承力构件的激光增材制造关键技术，目前，我国 LDED 技术具备了成形超过 $12m^2$ 的复杂钛合金构件的能力，已经用 LDED 技术直接制造了 30 多种钛合金大型复杂关键金属零件。这项技术也已经成功投入了多个国产航空科研项目的原型机和批产型号的制造中，比如 C919 客机的大型机头整体件和机鼻前段。如图 3-15 所示为某战机采用 LDED 技术成形的眼镜式钛合金主承力构件加强框，不需采用角盒、角片、螺栓、铆钉、销子等连接件和紧固件，装配工艺和工装也大幅度简化，前机身制造装配周期缩短 30% 以上。

除航空零件的制造外，LDED 技术在其维修上也大有作为。维修与制造没有本质区别，维修可以看成是集中于表面和局部的重新制造过程，因而现代维修也被称为再制造。LDED 技术用于航空零件的维修，也更能体现其技术优势和潜在价值。Rolls-Royce 公司使用 LDED 技术修复 Trent 500 航空发动机密封圈，并成功制造出样品，该研究的难点在于需要在密封圈上制造出壁厚 0.3mm、高 3mm 的蜂窝状单晶花样，如图 3-16 所示。由于 LDED 技术在维修领域展现出巨大的经济前景，因此美国军方 ManTech 计划的 LDED 技术研究重点已从制造转向维修，第二阶段研究的内容就是坦克、舰船和飞机零部件的维修，其中参与飞机零部件维修研究的单位有 Jacksonville 海军航空基地、Rolls-Royce 公司和 Lockheed Martin 公司等。

图 3-15　眼镜式钛合金主承力构件加强框

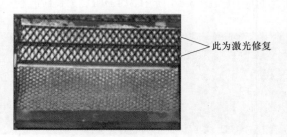

此为激光修复

图 3-16　LDED 技术修复 Trent 500 航空发动机密封圈

# 3.4　电子束熔融（EBM）

电子束熔融（Electron Beam Melting，EBM）是瑞典 ARCAM 公司最先开发出的一种增材制造技术。EBM 类似于 SLM 工艺，区别在于 EBM 是利用电子束在真空室中逐层熔化金属粉末。由于采用电子束作为能量源，因此 EBM 具有能量利用率高、无反射、功率密度高、扫描速度快等优点，原则上可以实现活性稀有金属材料的直接洁净与快速制造，在国内外受到广泛的关注。

## 3.4.1　EBM 的原理

电子束熔融技术是在真空环境下以电子束为热源，以金属粉末为成形材料，高速扫描加热预置的粉末，通过逐层熔化叠加，获得金属零件。EBM 的工作原理如图 3-17 所示。在铺粉平面上铺上粉末，将高温丝极释放的电子束通过阳极加速到光速的一半，通过聚焦线圈使电子束聚焦，在偏转线圈的控制下，电子束按照截面轮廓信息进行扫描，高能电子束将金属粉末熔化并在冷却后成形。

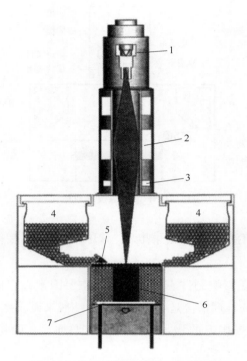

**图 3-17 电子束熔融技术工作原理图**

1—电子束 2—聚焦线圈 3—偏转线圈 4—粉料盒 5—铺粉构件 6—建造构件 7—铺粉平面

## 3.4.2 EBM 的常用材料

电子束熔融（EBM）工艺的常用材料为钛合金材料，主要应用是航空航天及医疗领域，如 Ti6Al4V。电子束熔融成形的结构件多用于航空航天难变形合金结构件的制造、医疗领域定制的钛合金植入体的制造以及汽车领域变速器箱体等复杂结构件的制造，如通用电气公司使用 EBM 技术为波音 787 客机制造了钛合金涡轮叶片。EBM 的制件可通过电火花加工进行精加工，能大大提高工件的质量。其他可用材料包括：镍高温合金、钴高温合金 ASTM F75、高温铜合金 GRCop-84、不锈钢等。另外，电子束熔融只能沉积导电材料，不能沉积陶瓷等不导电材料。

## 3.4.3 EBM 的成形过程

EBM 成形过程如图 3-18 所示。首先，将一层薄层粉末放置在工作台上，然后基于制件的各层截面的 CAD 数据，计算机将控制电子束在电磁偏转线圈的作用下，选择性地对粉末层进行扫描熔化，熔化的粉末形成冶金结合。未被熔化的粉末仍是松散状，可作为支撑。一层加工完成后，工作台下降一个层厚的高度，再进行下一层铺粉和熔化，同时新熔化层与前一层金属体结合为一体，重复上述过程直至零件加工结束。

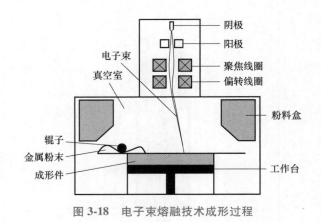

图 3-18 电子束熔融技术成形过程

EBM 的工艺参数主要有加速电压、束电流、扫描速度、搭接率、扫描路径。这里只重点介绍搭接率和扫描路径。

**（1）搭接率** 搭接率是影响制件表面粗糙度的主要因素，扫描线要想形成一个质量好的平面，相邻两道扫描线的合理搭接是必不可少的。一般来说，搭接率高的层面质量优于搭接率低的层面质量。随着搭接率的增加，能量密度增加，表面粗糙度值增大，表面质量下降。

**（2）扫描路径** 扫描路径是指零件每层内部的填充方式。扫描路径将影响层面质量。采用先扫描零件的长边的方式，前几条线形成的层面质量较好，但随着扫描的进行，由于真空中散热条件较差，热量累积严重，因此导致熔池过热沸腾，金属小液滴飞溅而出，冷却后形成小球落在未扫描的粉层上，从而影响了层面的表面质量。在电子束扫描过程中，如果先扫描短边会使热量的积累更加严重，层面的后半部分由于金属小球的污染质量更差。回旋扫描可以较好地解决小液滴的飞溅问题，由于相邻的扫描线有较长的时间冷却，从而不会导致热量的累积，因此完全消除了金属小球的飞溅现象，层面的质量明显好于长边扫描和短边扫描。

### 3.4.4 EBM 设备

EBM 设备主要由电子枪系统、真空系统、电源系统和控制系统等几个部分组成。电子枪系统是 EBM 设备提供能量的核心功能部件，能发射出具有一定能量、一定束流以及速度和角度的电子束。与 SLS、SLM 和 LDED 等技术不同，EBM 整个加工过程是在真空环境下进行的，成形舱内始终保持一定的真空度，避免了合金在高温下的氧化。

目前，世界上典型的 EBM 工艺商用化设备由瑞典的 Arcam 公司提供。该公司主要生产三种类型的产品，Arcam Q10、Arcam Q20 和 Arcam A2X。Arcam Q10 系列主要应用于高生产率和高分辨率特性的骨科植入组织制造方面；Arcam Q20 系列主要应用于一般行业及航空市场等大组件的制造；Arcam A2X 可提供相对于前两个系列更高的温度来加工金属。如图 3-19

所示是由 Arcam 公司生产的 Arcam Q10plus 成形机。

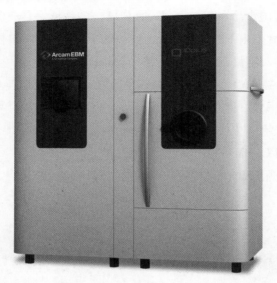

图 3-19　Arcam Q10plus 成形机

## 3.4.5　EBM 的优点和缺点

**1. 优点**

**（1）污染少，防氧化**　EBM 是在真空环境中工作的，这就减少了在加工过程中的污染。同时，真空环境可以有效防止氧化，因而特别适用于加工易氧化的金属及合金材料。

**（2）较高的延展性**　电子束由于其高扫描速度，可以在粉末熔化之前对其进行预热（温度取决于加工材料，可达 1100℃），能有效降低热应力的影响，可得到消除了应力的部件，从而降低裂纹形成的风险和生产材料脆性过高延展性不足的风险。

**（3）可制备复杂部件**　EBM 的优势是不仅可以生产复杂部件，还可以在复杂部件的不同区域上定制不同的微观结构（具有不同的力学性能）。

**2. 缺点**

表面质量较低。由于粉末层的粒度和较大的厚度，粉末的粒度一般在 $45\sim105\mu m$ 的范围内，其粒度比 SLM 中使用的粒度大，相较于 SLM，EBM 工艺通常会造成较低的分辨率和较高的表面粗糙度值。到目前为止，EBM 部件的表面粗糙度值能控制在 $Ra\ 30\sim50\mu m$。研究表明，材料性能不受粒度影响。当使用较小粒径的粉末时，零件的生产效率虽然可能会降低，但零件表面质量可以得到改善。

## 3.4.6　EBM 的典型应用

EBM 主要应用于航空航天和骨科移植方面。在骨科移植方面，EBM 用于生产制造植入部件，如髋臼杯、膝盖、颌面板、髋关节、颌骨替代件等，这些部件在 2007 年经过 CE 认证，并在 2010 年获得美国食品和药物管理局（FDA）的认证。自 2014 年 4 月以来，医学移植已经使用了超过 40000 个由 EBM 生产的钛合金髋臼杯，约占髋臼杯总制造量的 2%。

EBM 制造的骨科植入物最常用的材料是 Ti6Al4V 和 CrCo。因为 EBM 的适用性，使得 EBM 工艺可运用于生产制造矫形植入物。EBM 能够在多孔（细胞）金属结构的制造中调节孔径、支柱直径和孔用形状。此外，它能将不同的多孔结构集成在单个部件的不同部分。因为 EBM 制造的植入物具有与人类骨骼类似的弹性模量，并且能够促进骨再生，还有优越的生物相容性等特点，所以 EBM 正被越来越多地运用于植入物制造，以期使患者得到最好的治疗，如图 3-20 所示为用于植入人体的小梁结构。

图 3-20　用于植入人体的小梁结构

# 3.5　光固化（SLA）

1981 年，日本名古屋市工业研究所的小玉秀男发明了两种利用紫外光硬化聚合物的增材制造三维塑料模型的方法，其紫外光照射面积由掩模图形或扫描光纤发射机控制。1984 年，美国 Uvp 公司的 Hull 开发了利用紫外激光固化高分子光聚合物树脂的光固化（Stereo Lithography Apparatus，SLA）技术，1986 年获得专利。Hull 基于该技术创立了世界上第一家增材制造公司（3D Systems），并于 1988 年推出了第一台商品化 SLA 增材制造设备（SLA250）。2001，日本德岛大学研发出了基于飞秒激光的 SLA 技术，实现了微米级复杂三维结构的增材制造。目前，SLA 在应用领域中主要针对消费电子、计算机相关产品等。

## 3.5.1　SLA 的原理

光固化树脂材料成形的原理是基于光能的化学和热作用可使液态树脂材料固化，如果控制光源的形状逐层固化树脂，就可堆积成形出所需的三维实体零件。利用这种光固化树脂材料的制造工艺方法通常称之为光固化法。国际上通称为 Stereo Lithography，简称 SL。参照第一台光固化设备的生产商美国 3D Systems 公司的产品名称，也通常称为 SLA 方法。

光固化树脂是一种透明、黏性的光敏液体。当光照射到该液体上时，被照射的部分由于发生聚合反应而固化。光照的方式通常有三种，如图 3-21 所示。其一，光源通过一个遮光掩膜照射到树脂表面，使材料产生面曝光；其二，控制扫描头使高能光束（如紫外激光等）在树脂表面选择性曝光；其三，利用投影仪投射一定形状的光源到树脂表面，实现其面曝光，该方式拥有更高的效率，同时较第一种方式控制光源形状更为方便。

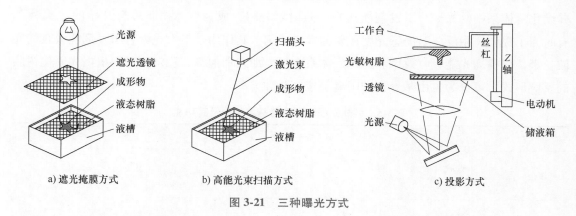

a) 遮光掩膜方式      b) 高能光束扫描方式      c) 投影方式

图 3-21 三种曝光方式

对液态树脂进行扫描曝光的方法通常分为两种，如图 3-22 所示。其一，由计算机控制 $XY$ 平面运动扫描系统，光源经过安装在 $Y$ 轴臂上的聚焦镜实现聚焦，通过控制聚焦镜在 $XY$ 平面运动实现光束对液态树脂扫描曝光；其二，采用振镜扫描系统，由电动机驱动两片反射镜控制光束在液态光敏树脂表面移动，实现扫描曝光。$XY$ 平面运动扫描方式系统光学器件少、成本低，且易于实现大幅面成形，但成形速度较慢；振镜扫描方式利用反射镜偏转实现光束的直线运动，速度快，但成本较第一种方式高，且扫描范围受限。

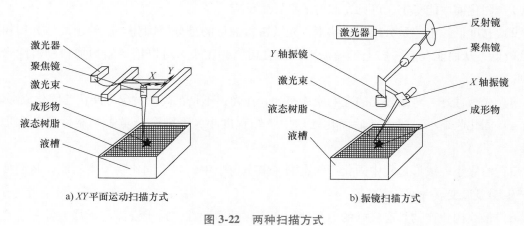

a) $XY$ 平面运动扫描方式      b) 振镜扫描方式

图 3-22 两种扫描方式

## 3.5.2 SLA 的常用材料

紫外光敏树脂在紫外光作用下产生物理或化学反应，其中能从液体转变为固体的树脂称之为紫外光固化性树脂。它是一种由光聚合性预聚合物（Prepolymer）或低聚物（Oligomer）、光聚合性单体（Monomer）以及光聚合引发剂等为主要成分组成的混合液体（见表3-5）。其主要成分有低聚物（Oligomer）、丙烯酸酯（Acrylate）和环氧树脂（Epoxy）等，它们决定了光固化产物的物理特性。低聚物的黏度一般很高，所以要将单体作为光聚合性稀释剂加入其中，以改善树脂的整体流动性。在固化反应时单体也与低聚物的分子链反应并硬化。体系中的光聚合引发剂能在光能照射下分解，成为全体树脂聚合开始的"火种"。有时为了提高树脂反应时的感光度还要加入增感剂，其作用是扩大光聚合引发剂能吸收的光波长带，以提高光能吸收效率。此外，体系中还要加入消泡剂、稳定剂等。根据光固化树脂的反应形式，可分为自由基聚合和阳离子聚合两种类型。

表3-5　紫外光固化材料的基本组分及其功能

| 名称 | 功能 | 常用含量（%） | 类型 |
|------|------|--------------|------|
| 光聚合引发剂 | 吸收紫外光能，引发聚合反应 | ≤10 | 自由基型、阳离子型 |
| 低聚物 | 材料的主体，决定了固化后材料的主要功能 | ≥40 | 环氧丙烯酸酯、聚酯丙烯酸酯、聚氨丙烯酸酯、其他 |
| 光聚合性单体 | 调整黏度并参与固化反应，影响固化膜性能 | 20~50 | 单官能度、双官能度、多官能度 |
| 其他 | 根据不同用途而异 | 0~30 | |

SLA成形对紫外光固化树脂材料的要求主要有：

1）固化前性能稳定，可见光照射下不发生反应。

2）黏度低。由于是分层制造技术，光敏树脂进行的是分层固化，就要求液体光敏树脂黏度较低，从而能在前一层上迅速流平；而且树脂黏度小，可以给树脂的加料和清除带来便利。

3）光敏性好。对紫外光的光响应速率高，在光强不是很高的情况下能快速固化成形。

4）固化收缩小。树脂在后固化处理中收缩程度小，否则会严重影响制件尺寸和形状精度。

5）溶胀小。成形过程中固化产物浸润在液态树脂中，如果固化物发生溶胀，将会使制件产生明显形变。

6）最终固化产物具有良好的力学性能、耐化学腐蚀性，易于洗涤和干燥，并具有良好的热稳定性。

7）毒性小。减少对环境和人体伤害，符合绿色制造要求。

光敏树脂主要组成成分有低聚物、光聚合性单体和光聚合引发剂，其特性和要求如下。

**（1）低聚物**　又称预聚物，是含有不饱和官能团的低分子聚合物，多数为丙烯酸酯的低聚物。在光固化材料的各组分中，低聚物是光敏树脂的主体，它的性能很大程度上决定了固化后材料的性能。一般而言，低聚物分子量越大，固化时体积收缩越小，固化速度越快；但分子量越大，黏度越高，需要更多的单体稀释剂。因此低聚物的合成或选择无疑是光敏树脂配方设计中重要的一个环节。表 3-6 列出了常用的光敏树脂低聚物结构和性能。

表 3-6　常用的光敏树脂低聚物结构和性能

| 类型 | 固化速率 | 抗拉强度 | 柔性 | 硬度 | 耐化学性 | 抗黄变性 |
|---|---|---|---|---|---|---|
| 环氧丙烯酸酯 | 快 | 高 | 不好 | 高 | 极好 | 中至不好 |
| 聚氨丙烯酸酯 | 快 | 可调 | 好 | 可调 | 好 | 可调 |
| 聚酯丙烯酸酯 | 可调 | 中 | 可调 | 中 | 好 | 不好 |
| 聚醚丙烯酸酯 | 可调 | 低 | 好 | 低 | 不好 | 好 |
| 丙烯酸树脂 | 快 | 低 | 好 | 低 | 不好 | 极好 |
| 不饱和聚酯 | 慢 | 高 | 不好 | 高 | 不好 | 不好 |

**（2）光聚合性单体**　单体除了调节体系的黏度以外，还能影响到固化动力学、聚合程度以及生成聚合物的物理性质等。虽然光敏树脂的性质基本上由所用的低聚物决定，但主要的技术安全问题却必须考虑所用单体的性质。自由基固化工艺所使用的丙烯酸酯、甲基丙烯酸酯和苯乙烯，阳离子聚合所使用的环氧化物以及乙烯基醚等都是光固化中常用的单体。由于丙烯酸酯具有非常高（丙烯酸酯>甲基丙烯酸酯>烯丙基>乙烯基醚）的反应活性，工业中一般使用其衍生物作为单体。单体分为单、双官能团单体和多官能团单体。一般增加单体的官能团会加速固化过程，但同时会对最终转化率带来不利影响，导致聚合物中含有大量残留单体。

**（3）光聚合引发剂**　指任何能够吸收光能，经过化学变化产生具有引发聚合能力的活性中间体的物质。光聚合引发剂是任何光敏树脂体系都需要的主要组分之一，它对光敏树脂体系的灵敏度（即固化速率）起决定作用。相对于单体和低聚物而言，光聚合引发剂在光敏树脂体系中的浓度较低（一般不超过 10%）。在实际应用中，引发剂本身（固化后引发化学变化的部分）及其光化学反应的产物均不应该对固化后聚合物材料的化学和物理性能产生不良影响。

## 3.5.3　SLA 的成形过程

光固化成形系统及过程：激光束从激光器发出，通常光束的直径为 1.5～3mm。激光束经过反射镜折射并穿过光阑到达反射镜，再折射进入动态聚焦镜。激光束经过动态聚焦系统的扩束镜扩束准直，然后经过凸透镜聚焦。聚焦后的激光束投射到第一片振镜，称为 X 轴振镜。从 X 轴振镜再折射到 Y 轴振镜，最后激光束投射到液态光固化树脂表面。计算机程序控制 X 轴和 Y 轴振镜偏摆，使投射到树脂表面的激光光斑能够沿 X、Y 轴平面进行扫描运动，将三维模型的断面形状扫描到光固化树脂上使之发生固化。然后计算机程序控制托着成形件的工作台下降一个设定的高度，使液态树脂能漫过已固化的树脂。再控制涂敷板沿平面移动，使已固化的树脂表面涂上一层薄薄的液态树脂。通常从上方对液态树脂进行扫描照射的成形方式称之为自由液面型成形系统。这种系统需要精确检测液态树脂的液面高度，并精确控制液面与液面下已固化树脂层上表面的距离，即控制成形层的厚度。计算机再控制激光束进行下一个断层的扫描，依此重复进行直到整个模型成形完成。

制件在液态树脂中成形完毕，升降台将其提升出液面后取出。树脂固化成形为完整制件后，从增材制造设备上取下的制品需要去除支撑结构，并将制件置于大功率紫外灯箱中进一步使内腔固化。后处理的方法有多种，这里列举一种阐述其过程以作参考。

**（1）取出成形件** 将薄片状铲刀插入制件与升降台板之间，取下制件。但是如果制件较软时，可以将其连同升降台板一起取出进行后处理。

**（2）未固化树脂的排出** 如果在制件内部残留有未固化的树脂，则残留的液态树脂会在后固化处理或成形件储存的过程中发生暗反应，使残留树脂固化收缩引起成形件变形，因此从制件中排出残留树脂很重要。当有未固化树脂封闭在制件内部时，必须在设计 CAD 三维模型时预开一些排液的小孔，或者在成形后用钻头在制件适当的位置钻几个小孔，将液态树脂排出。

**（3）表面清洗** 可以将制件浸入溶剂或者超声波清洗槽中清洗掉表面的液态树脂，如果用的是水溶性溶剂，应用清水洗掉成形件表面的溶剂，再用压缩空气将水吹除掉。最后用蘸上溶剂的棉签除去残留在表面的液态树脂。

**（4）后处理** 当用激光照射成形的制件硬度还不满足要求时，有必要再用紫外灯照射的光固化方式和加热的热固化方式对制件进行后处理。用光固化方式进行后处理时，建议使用能透射到制件内部的长波长光源，且使用强度较弱的光源进行辐照，以避免由于急剧反应引起内部温度上升。要注意的是随着固化过程会产生内应力、温度上升将导致软化，这些因素会使制件发生变形或者出现裂纹。

**（5）去除支撑** 用剪刀和镊子将支撑去除，然后用锉刀和砂布进行光整。对于比较脆的树脂材料，在后处理后去除支撑容易损伤制件，因此建议在后处理前去除支撑。

**（6）打磨** SLA 成形的制件表面都会有约 0.05~0.1mm 的层间台阶效应，会影响制件的外观和质量。因此有必要用砂纸打磨制件的表面去掉层间台阶，获得光滑的表面。在更换砂纸渐进打磨进行到一定的程度时，如果用浸润了光固化树脂的布头涂擦制件表面，使液态树脂填满层间台阶和细小的凹坑，再用紫外灯照射，即可获得表面光滑而透明的制件。

## 3.5.4 SLA 设备

SLA 设备包括激光及振镜系统、平台升降系统、储液箱及树脂处理系统、树脂铺展系统、控制系统。现在大多数 SLA 设备采用固态激光器，相比以前的气态激光器，固态激光器拥有更稳定的性能。3D Systems 公司所生产的 SLA 设备使用的激光器为 Nd-YVO$_4$ 激光，其波长大约为 1062nm（近红外光）。通过添加额外的光路系统使得该种激光器的波长变为原来的三分之一，即 354nm，从而处于紫外光范围。这种激光器相对于其他增材制造设备所采用的激光器而言具有相对较低的功率（0.1~1W）。

目前，美国的 3D Systems 公司依旧是 SLA 设备生产厂商中的领导者。除美国之外，日本、德国和我国分别有部分企业在进行 SLA 设备的生产及销售，见表 3-7。

表 3-7　典型商业化 SLA 成形设备对比

| 单位 | 型号 | 外观图片 | 成形尺寸 | 激光器 | 成形效果 | 针对材料 |
| --- | --- | --- | --- | --- | --- | --- |
| 3D Systems（美国） | Projet 6000 | | 250mm×250mm×50mm | 固态三倍频 Nd-YVO$_4$，波长 354.7nm | 分辨率 4000 DPI | 光敏树脂 VisiJet 系列材料 |
| | Projet 7000 HD | | 380mm×380mm×250mm | 固态三倍频 Nd-YVO$_4$，波长 354.7nm | | |
| | ProX 800 | | 650mm×750mm×550mm | 单激光器，固态三倍频 Nd-YVO$_4$，波长 354.7nm | 分辨率 0.00127mm | Accura Xtreme，Accura Peak，Accura ClearVue，Accura 25 等 |
| | ProX 950 | | 1500mm×750mm×550mm | 双激光器，固态三倍频 Nd-YVO$_4$，波长 354.7nm | | |
| Formlabs（美国） | Form 1+ | | 125mm×125mm×165mm | 激光功率 250mW | 打印精度 0.3mm | 丙烯酸光敏树脂系列 |

（续）

| 单位 | 型号 | 外观图片 | 成形尺寸 | 激光器 | 成形效果 | 针对材料 |
|------|------|---------|---------|--------|---------|---------|
| Formlabs（美国） | Form 2 | | 145mm×145mm×175mm | 激光功率250mW | 打印精度0.3mm | 丙烯酸光敏树脂系列 |
| Envision TEC（德国） | Perfactory 4 standard | | 160mm×100mm×180mm | DMD（数字光处理器） | 像素1920×1200 | E-Shell 系列 |
| | Perfactory 4 standard XL | | 192mm×120mm×180mm | | | |

## 3.5.5　SLA 的优点和缺点

与其他增材制造技术相比，SLA 具有以下优点：SLA 技术相比其他的增材制造技术，是最早出现的快速原型制造工艺，成熟度高。其最主要的优点是零件精度高、表面质量好。对于 SLA 技术而言，尺寸精度一般用单位长度的误差值作为表征。比如，目前 3D Systems 公司的 Projet 600 的精度为每 25.4mm 零件有 0.025~0.05mm 的误差。当然，精度还可能因为构建参数、零件几何结构和尺寸、部件方位和后处理工艺而有所不同。表面质量在上表面的表面粗糙度值达到亚微米级，在倾角处的表面粗糙度值达到 $100\mu m$。

同时这项工艺也有以下缺点：

1）SLA 系统造价高昂，使用和维护成本相对过高。

2）工作环境要求苛刻。耗材为液态树脂，具有气味和毒性，需密闭，同时为防止提前发生聚合反应，需要避光保护。

3）成形件材料有限。使用材料多为树脂类，使得制造的成品的强度和耐热性有限，不利于长时间保存。

4）后处理相对繁琐。制造出的工件需用工业酒精和丙酮进行清洗，并进行二次固化。

## 3.5.6　SLA 的典型应用

目前 SLA 主要应用在新产品开发设计检验、电子电信、民用器具、模具制造、医学与生物制造工程、美学等方面。

**（1）在珠宝首饰中的应用**　首饰制造业中通常使用手工方式制造原模，该法人力成本高，生产周期长。此外由于手工绘制的首饰设计图不会在所有部分标注精确的尺寸，很多部位往往依靠起版师傅在深入揣摩和感受设计图样的基础上，结合个人的经验进行实际版样的制作，因此必然存在主观误差。通过 SLA 技术可以顺利解决以上问题，与传统手工工艺相比，应用 SLA 技术设计珠宝首饰有如下优势：

1）首饰的外形复杂度不再受工艺水平的限制，完全可以根据设计者的灵感来设计。

2）易实现小批量个性化生产，因此可根据消费者的需求来定制化生产。

3）细节处理更加细致精良，因此首饰会更具有艺术美感。

4）产品的更新速度大大提高，提升了公司的市场竞争力。

图 3-23 所示为根据市场需求采用 SLA 技术打印出的戒指原模。

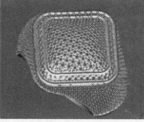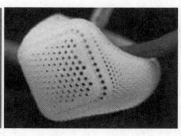

图 3-23　戒指工艺品光固化增材制造

**（2）在生物制造工程和医学中的应用**　生物制造工程是指采用现代制造科学与生命科学相结合的原理和方法，通过直接或间接细胞受控组装完成组织和器官的人工制造的科学、技术和工程。以离散-堆积为原理的增材制造技术为制造科学与生命科学交叉结合提供了重要的手段。用增材制造技术辅助外科手术是一个重要的应用方向。

图 3-24 所示是一个将光固化成形制件用于辅助连体婴儿分离手术的成功案例。图 3-24a 所示是这对连体婴儿的照片，图 3-24b 所示为用 SLA 制造的连体婴儿头颅模型，可以看出其中的血管分布状况全部原样成形了出来。2003 年 10 月 13 日，美国达拉斯州儿童医疗中心对两个两岁的埃及联体儿童进行了分离手术。在手术过程中，先进的医用成形材料和光固化成形技术发挥了关键作用。

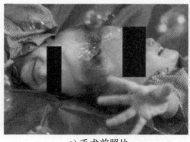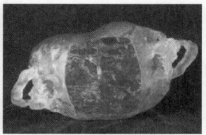

a) 手术前照片　　　　　　　　b) SLA制造的连体头颅模型

图 3-24　光固化技术制造模型辅助外科手术案例

# 3.6 熔融沉积（FDM）

熔融沉积（Fused Depositon Modeling，FDM）增材制造技术由美国学者 Dr. Scott Crump 于 1988 年研发成功，并由美国 Stratasys 公司推出了商业化的设备。FDM 是将各种热熔性的丝状材料（如蜡、工程塑料和尼龙等）加热熔化，然后通过由计算机控制的精细喷嘴按 CAD 分层截面数据进行二维填充，喷出的丝材经冷却粘结固化生成薄层截面形状，层层叠加形成三维实体。FDM 是继光固化成形和分层实体制造工艺后的另一种应用较为广泛的工艺方法。FDM 工艺主要应用于桌面级 3D 打印机和较便宜的专业打印机。

## 3.6.1 FDM 的原理

FDM 工艺原理类似于热胶枪。如图 3-25 所示，为 FDM 工艺原理图。热熔性材料的温度始终稍高于固化温度，而成形的部分温度稍低于固化温度。热熔性材料通过加热喷嘴喷出后，随即与前一个层面熔结在一起。一个层面沉积完成后，工作台按预定下降一个层的厚度，再继续熔喷沉积，直至完成整个实体零件。其中热塑性材料的细丝通过加热软化后被挤出，然后逐层沉积在搭建平台上。细丝的标准直径为 1.75mm 或 3mm，由线轴供应。最常见的 FDM 设备具有标准的笛卡儿结构和挤压机。

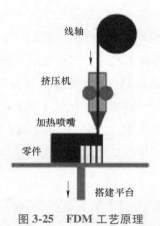

图 3-25　FDM 工艺原理

## 3.6.2 FDM 的常用材料

熔融沉积（FDM）技术的关键在于加热喷嘴，喷嘴温度的控制要求使材料挤出时既保持一定的形状又有良好的粘结性能。除了加热喷嘴以外，成形材料的相关特性（如材料的黏度、熔融温度、粘结性以及收缩率等）也是该工艺应用过程中的关键。

熔融沉积工艺使用的材料分为两部分：一类是成形材料，另一类是支撑材料。

**（1）FDM 工艺对成形材料的要求**

1）材料的黏度。材料的黏度低、流动性好，阻力就小，有助于材料顺利挤出。材料的流动性差，需要很大的送丝压力才能挤出，会增加喷嘴的起停响应时间，从而影响成形精度。

2）材料熔融温度。熔融温度低，可以使材料在较低温度下挤出，有利于提高喷嘴和整个机械系统的寿命。减少材料在挤出前后的温差，能够减少热应力，从而提高原型的精度。

3）粘结性。FDM 原型的层与层之间是零件强度最薄弱的地方，粘结性好坏决定了零件成形后的强度。粘结性过低时，在成形过程中因热应力会造成层间的开裂。

4）收缩率。材料收缩率对压力比较敏感，会造成喷嘴挤出的材料丝直径与喷嘴的名义直径相差太大，影响材料的成形精度。FDM 成形材料的收缩率对温度不能太敏感，否则会产生零件翘曲、开裂。

由以上材料特性对 FDM 工艺实施的影响来看，FDM 工艺对成形材料的要求是熔融温度低、黏度低、粘结性好、收缩率小。

**（2）FDM 工艺对支撑材料的要求**

1）能承受一定高温。由于支撑材料要与成形材料在支撑面上接触，所以支撑材料必须能够承受成形材料的高温，在此温度下不产生分解与融化。

2）与成形材料不浸润，便于后处理。支撑材料是加工中采取的辅助手段，在加工完毕后必须去除，所以支撑材料与成形材料的亲和性不应太好。

3）具有水溶性或者酸溶性。由于 FDM 工艺的一大优点是可以成形任意复杂程度的零件，经常用于成形具有很复杂的内腔、孔等零件，为了便于后处理，最好是支撑材料在某种液体里可以溶解。目前已开发出水溶性支撑材料。

4）具有较低的熔融温度。具有较低的熔融温度可以使材料在较低的温度挤出，提高喷头的使用寿命。

5）流动性要好。由于支撑材料的成形精度要求不高，为了提高机器的扫描速度，要求支撑材料具有很好的流动性，相对而言，黏性可以差一些。

由此可见，FDM 工艺对支撑材料的要求是能够承受一定的高温、与成形材料不浸润、具有水溶性或者酸溶性、具有较低的熔融温度、流动性要特别好等。

关于熔融沉积（FDM）工艺最常用的材料如图 3-26 所示。该工艺最常用材料有 ABS、PLA、PC、PA 等，在前面章节已介绍过，此处不再赘述。

近些年来，研究人员不断开发了一些具有改进性能的新技术聚合物，可用于 FDM 工艺，具体如下。

HIPS（高抗冲聚苯乙烯）是一种低翘曲热塑性长丝。其易于着色，具有多种颜色，由于其尺寸稳定性很好，因此常用于生产样机。从加工性能来看，它与 ABS 非常相似。但是，这两种材料所混用的溶剂不同：HIPS 用柠檬烯而 ABS 用丙酮。所以 HIPS 可以用作支撑材

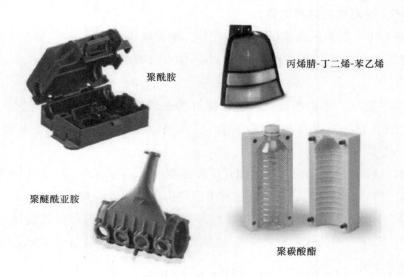

聚酰胺

丙烯腈-丁二烯-苯乙烯

聚醚酰亚胺

聚碳酸酯

图 3-26 FDM 的常用材料

料，因为柠檬烯并不影响 ABS。HIPS 支撑件可以很容易地从 ABS 上拆下来，甚至留下一个完整的部件。

PVDF（聚偏氟乙烯）的特点是耐蠕变和耐疲劳，在辐射和紫外线照射下具有出色的热稳定性（能够在−20℃～+130℃之间工作）和高介电常数。此外，由于其化学稳定性，通常用作化学应用中的绝缘层和保护盖。

PEEK（聚醚醚酮）是一种高性能半结晶热塑性塑料，它具有高强度、高刚度以及高延展性。基于这些性能，它可以在结构应用中替代铝和钢，从而减少零件的总重量和加工周期。此外，PEEK 对侵蚀性环境具有化学抗性，这一性能为医疗和食品接触应用领域提供了更持久和可消毒的材料。

PEI（聚醚酰亚胺）是一种具有优异的热稳定性和良好的耐化学性的高性能聚合物。即使环境温度升高，PEI 也具有持续的表面电阻率、水解稳定性、高强度和高模量；PEI 对于多种化学物质具有良好的抗性（如完全卤代烃、醇类、水溶液）并能在较宽的温度和频率范围内保持稳定的介电常数和耗散因子。通常，PEI 具有类似于 PEEK 的特性，但是 PEI 具有较低的抗冲击强度和较低的成本。

上述材料的工艺温度如表 3-8 所示。这些温度可以根据具体的材料组成而变化。据经验法则：挤出温度越高，黏度越低；即材料越容易流动，越可以使用更高的沉积速度。

表 3-8 不同 FDM 材料的常用加工温度

| 材料 | 挤出温度/℃ | 床温度/℃ |
| --- | --- | --- |
| PLA | 175~220 | 60~90 |
| ABS | 230~260 | 80~100 |

（续）

| 材料 | 挤出温度/℃ | 床温度/℃ |
| --- | --- | --- |
| HIPS | 220~250 | 80~110 |
| PC | 290~315 | 110~130 |
| PA | 240~280 | 100~120 |
| TPU | 195~230 | 60~90 |
| PVDF | 210~215 | 120~125 |
| PEEK | 360~400 | 110~120 |
| PEI | 330~360 | 110~160 |

## 3.6.3　FDM 的成形过程

　　FDM 成形工艺在原型制造同时需要制造支撑，为了节省材料成本和提高制造效率，新型的 FDM 设备采用双喷嘴，如图 3-27 所示。一个喷嘴用于成形原型零件，另一个喷嘴用于成形支撑。

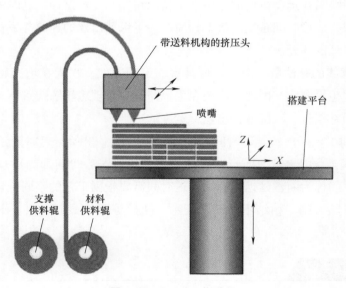

带送料机构的挤压头

喷嘴

搭建平台

支撑供料辊　　材料供料辊

图 3-27　FDM 工艺过程

　　FDM 的成形过程是在供料辊上，将实心丝状原材料进行缠绕，由电动机驱动辊子旋转，辊子和丝材之间的摩擦力是丝材向喷嘴出口送进的动力。在供料辊和喷嘴之间有一个导向套，导向套采用低摩擦材料制成，以便丝材能由供料辊送到喷嘴的内腔，其中最大送料速度为 10~25mm/s，一般推荐速度为 5~8mm/s。喷嘴的前端装有电阻式加热器，加热器对丝材进行加热，使丝材升温至半液体状态，半液体状的丝材经过喷嘴，涂覆至工作台上，由于喷嘴周围的空气低于挤出丝材的温度，被挤出的材料迅速凝固，等其冷却后将会形成截面轮廓。喷嘴在 $XY$ 坐标系运动，沿着软件指定的路径生成每层的图案。丝材熔融沉积的层厚随喷嘴的运动速度的变化而变化。通常最大层厚为 $0.25\sim0.5\text{mm}$。待每层加工完毕后，喷嘴再开始扫描成形下一层，直至加工结束。

熔融沉积技术的相关工艺参数有分层厚度、喷嘴直径、喷嘴温度、环境温度、挤出速度与填充速度、理想轮廓线的补偿量及延迟时间等。

（1）分层厚度　是指将三维数据模型进行切片时层与层之间的高度。当分层厚度大时，原型表面会有明显的"楼梯"，这会影响原型的表面质量和精度；分层厚度较小时，原型精度提高，但切片层数增多，加工时间较长。

（2）喷嘴直径　影响喷丝的粗细。喷丝越细，原型的精度越高，但每层的加工路径更密更长，成形时间较长。一般分层厚度要小于喷嘴直径。

（3）喷嘴温度　是指系统工作时喷嘴要加热到一定的温度。在选择喷嘴温度时应当注意喷嘴温度应该能使挤出的丝呈现弹性流体状态。喷嘴温度应当控制在 $230℃$ 左右。

（4）环境温度　是指系统工作时打印件周围的温度。环境温度会影响成形零件的热应力的大小，影响成形件的表面质量。一般情况下，环境温度比喷嘴温度低 $1\sim2℃$。

（5）挤出速度与填充速度　挤出速度是指丝材在送丝机构的作用下从喷嘴中挤出的速度。填充速度是指喷嘴在运动机构的作用下按轮廓路径和充填路径运动时的速度。机器工作时，填充速度越快，成形时间越短，效率越高。为了保证出丝的连续与平稳，挤出速度与填充速度应该进行合理的匹配。

（6）理想轮廓线的补偿量　由于丝材具有一定的宽度，喷嘴在填充轮廓路径时实际轮廓线可能会超出理想轮廓线，因此，需要在生成路径时对理想轮廓线进行补偿。这个补偿值就是理想轮廓线的补偿量，一般取挤出丝材宽度的一半。

（7）延迟时间　包括出丝延迟时间和断丝延迟时间。出丝延迟时间是指当送丝机构开始送丝时，喷嘴不会立即出丝，而有一定的滞后，这段滞后时间即为出丝延迟时间。同样的，断丝滞后的时间称为断丝延迟时间。延迟时间需要根据工艺的不同合理设置，时间设置不当可能会出现拉丝太细、粘结不牢甚至断丝、缺丝等现象，也可能会出现堆丝，积瘤等现象。

### 3.6.4　FDM设备

FDM运动喷嘴与送料装置是设备的关键，根据塑化方式的不同，可以将FDM的喷嘴结构分为柱塞式喷嘴和螺杆式喷嘴两种，如图3-28所示。

柱塞式喷嘴的工作原理是由两个或多个电动机驱动的摩擦轮或带轮提供驱动力，将丝料送入塑化装置熔化。其中后进的未熔融丝料充当柱塞的作用，驱动熔融物料经喷嘴挤出，其结构简单，方便维护和更换，而且仅仅只需要一台步进电动机就可以完成挤出功能，成本低廉。

而螺杆式喷嘴则是由滚轮作用将熔融或半熔融的物料送入料筒，在螺杆和外加热器的作

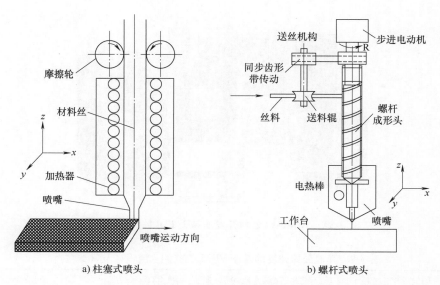

图 3-28　FDM 喷头结构

用下实现物料的塑化和混合作用，并由螺杆旋转产生的驱动力将熔融物料从喷嘴挤出。采用螺杆式喷嘴结构不但可以提高成形的效率和工艺的稳定性，而且拓宽了成形材料的选择范围，大大降低了材料的制备成本和贮藏成本。

用于 FDM 的原料一般为丝料或粒料，根据原料形态不同采用的进料装置也不尽相同。

**（1）丝料的进料方式**　当原料为丝料时，进料装置的基本方式是利用由两个或多个电动机驱动的摩擦轮或带轮提供驱动力，将丝料送入塑化装置熔化。一般可以采用增加辊的数目或增加与物料的接触面积和摩擦的方法来提高摩擦驱动力。

**（2）粒料的进料方式**　粒料作为熔融沉积成形工艺的原料有较宽的选择范围，并且由于粒料为原料购进形态，不经过拉丝和各种加工过程，有助于保持原料特性，也大大降低了材料的制备成本和贮藏成本，并省去了丝盘防潮防湿、丝盘转运（发送和回收）、送丝管道、送丝机构等一系列装置。但粒料使进料装置变得复杂，并且由于其塑化的难度较大，也给塑化装置提出了较高的要求。

**（3）喷嘴结构**　喷嘴是熔料通过的最后通道，使已完全熔融塑化的物料挤出成形，因此，喷嘴设计如结构形式、喷嘴孔径大小及制造精度等都将影响熔料的挤出压力，将直接关系到能否顺利挤料、挤料速度的大小，以及是否产生"流涎"现象等。

供应 FDM 工艺设备的主要有美国的 Stratasys 公司、3D Systems 公司、MedModeler 公司以及国内的清华大学等。

美国 Stratasys 公司是丝材熔融沉积成形设备的著名厂商，多年来在 FDM 机型开发上具有绝对优势。近年来，在小型桌面级增材制造设备盛行的形势下，Stratasys 公司也适时推出了基于 FDM 建造方式的个人增材制造设备。如图 3-29 所示为 Stratasys 公司开发的基于 FDM 工艺的设备。其他公司开发的基于 FDM 工艺的主流设备及其参数见表 3-9。

图 3-29 Stratasys 公司开发的基于 FDM 工艺的设备

表 3-9 其他公司开发的基于 FDM 工艺的主流设备及其参数

| | UPRINT SE PLUS | STRATASYS F170 | FORTUS 380mc | STRATASYS F900 |
|---|---|---|---|---|
| 样机 | | | | |
| 构建尺寸 | 203mm×203mm×152mm | 254mm×254mm×254mm | 406mm×355mm×406mm | 914mm×610mm×914mm |
| 设备尺寸 | 635mm×660mm×787mm | 1626mm×864mm×711mm | 1270mm×901.7mm×1984mm | 2772mm×1683mm×2027mm |
| 材料选择 | ABS | ABS<br>ASA<br>PLA | ABS<br>ASA | ABS<br>ASA<br>PPSF |

## 3.6.5 FDM 的优点和缺点

**1. 优点**

与其他增材制造技术相比，FDM 具有以下优点：

1）该技术污染小，材料可以回收。

2）成形材料广泛，包括丝状蜡、ABS、改良性的尼龙、橡胶等热塑性材料丝。也有复合材料，如热塑性材料、金属粉末、陶瓷粉末或纤维材料的混合物做成丝状后也可以使用。

3）成形效率高，FDM 成形过程中喷嘴的无效动作很少，大部分时间都在堆积材料，特别是成形薄壁类制件的速度极快。

4）可以成形任意复杂程度的零件。常用于成形具有很复杂的内腔、孔的零件。可以通过使用溶于水的支撑材料，以便与工件分离，从而实现瓶状或其他中空型工件的加工。

**2. 缺点**

同时这项工艺也有以下缺点：

1）需要设计制作支撑结构。

2）工件表面比较粗糙。

3）加工过程的时间较长。由于喷嘴的运动是机械运动，速度有一定限制，所以加工时间较长。

### 3.6.6　FDM 的典型应用

FDM 工艺在桌面化办公用品、制造模具、家用电器等领域都有应用。由于其设备结构比较简单、价格低廉、可靠性高的特点，在医学应用领域具有独特的优势。FDM 工艺所用的丝材的商业价格大约是原材料的四十倍，因为其具有特定的组成材料（纤维增强材料或填料）和特殊的美学特性（光泽、半透明）。IGUS 公司开发了商业名为 Iglidur™的摩擦丝，其耐磨性比普通 FDM 材料高出 50 倍。如图 3-30 所示是用 FDM 工艺制成的鞋子。

图 3-30　FDM 工艺制成的鞋子

## 3.7　三维打印成形（3DP）

三维打印成形（Three Dimensional Printing，3DP），也称 CJP（彩色打印），由麻省理工学院开发。3DP 是基于增材制造技术基本的堆积建造模式，从而实现三维实体的快速制造。因其材料较为广泛，设备成本较低且可小型化到办公室使用等，近年来发展较为迅速。3DP 是以某种喷嘴作为成形源，其运动方式与喷墨打印机的打印头类似，所不同的是喷嘴喷出的不是传统墨水，而是粘结剂、熔融材料或光敏材料等。因为 3DP 的普及度比较高，使用非常广泛，而且对于增材制造来说比较形象，很多时候人们也将增材制造统称为三维打印（3DP），这是一种习惯称法。

### 3.7.1　3DP 的原理

3DP 的工作原理是首先按照设定的层厚进行铺粉，随后利用喷头按指定路径将粘结剂喷在预先铺好的粉层特定区域，之后工作台下降一个层厚的距离，继续进行下一叠层的铺粉，逐层粘结后去除多余底料便得到所需形状的制件。该方法可以用于制造几乎任何几何形状的金属、陶瓷。

3DP工艺与SLS工艺类似，采用粉末材料成形，如陶瓷基粉末、金属基粉末。所不同的是材料粉末不是通过烧结连接起来的，而是通过喷嘴用粘结剂（如硅胶）将零件的截面"印刷"在材料粉末上面。用粘结剂粘结的零件强度较低，还须进行后处理。

### 3.7.2　3DP的常用材料

目前三维打印成形（3DP）工艺使用的材料多为粉末材料，如陶瓷基粉末、金属基粉末、塑料粉末、石膏粉末等。金属基粉末比石膏粉末具有更高的强度，模型的微观和宏观结构更容易控制。

### 3.7.3　3DP的成形过程

3DP工艺成形过程如图3-31所示：上一层粘结完成后，成形腔的托盘下降一定距离，这个距离一般为0.1mm左右；然后供粉末供床的托盘上升一高度，推出若干粉末，并被滚压机推到成形腔，粉末铺平并被压实。喷嘴在计算机控制下，按下一截面的成形数据有选择性地喷射粘结剂来建造层面。如此周而复始地送粉、铺粉和喷射粘结剂，最终完成一个三维粉体的粘结。滚压机铺粉时，多余的粉末被左侧集粉装置收集。未被喷射粘结剂的地方为干粉，在成形过程中起支撑作用，且成形结束后，也比较容易去除。

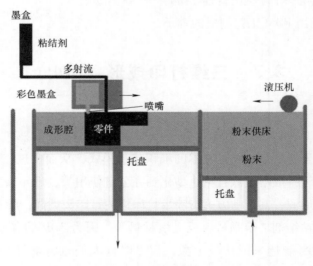

图3-31　3DP成形过程

三维打印成形的基本工艺参数有喷嘴到粉末层的距离、粉层厚度、喷射及扫描速度、辊子运动参数、每层间隔时间等。若制件精度及强度要求高，层厚取值就要小；而粘结剂与粉末空隙的体积比取决于层厚、喷射量及扫描速度，会大大影响制件的性能和质量；同时需根据制件精度与质量、时间的要求及层厚等因素综合考虑喷射与扫描速度。

## 3.7.4　3DP 设备

喷嘴是 3DP 设备中最核心的器件,其性能决定了制件的精度、表面粗糙度以及粘结剂配制方案等。3DP 的打印喷嘴采用微滴喷射技术,该技术是一种以微孔为中心,在背压或者激励作用下,流体粉末通过喷孔形成射流的技术,应用最广泛的喷射装置是喷墨打印机。喷嘴的工作模式可分为两类:连续式喷射(Continuous Ink Jet, CIJ)和按需式喷射(Drop-on-demand Ink Jet, DOD)。

连续式喷射原理如图 3-32 所示,在连续微滴喷射过程中,液滴发生器中的振荡器发出振动信号,产生的扰动使射流断裂并生成均匀的液滴;液滴在极化电场获得定量的电荷,当通过外加偏转电场时,液滴落下的轨迹被精确控制,液滴沉积在预定位置,生成字符或图形记录,不参与记录的液滴则由导管回收至集液槽。连续式喷射模式的优点是能生产高速液滴,且工作频率高,工作速度通常高于按需式喷射模式;缺点是液滴直径较大,材料利用率较低,结构复杂且成本高昂。

按需式喷射原理如图 3-33 所示,按需式喷射模式是根据需要有选择地喷射微滴,即根据系统控制信号,在需要产生喷射液滴时,系统给驱动装置一个激励信号,喷射装置产生相应的压力或位移变化,从而产生所需要的微滴。按需式喷射技术的优点是微液滴产生时间可精确控制,不需要液滴回收装置,液滴的利用率高。但这种喷射方式的喷射频率较低,为了弥补这一缺点,按需喷射的喷嘴通常采用阵列式排列,以增加喷射宽度来提高打印速度。在当前的 3DP 设备中,大多采用按需式喷射方式的喷嘴。

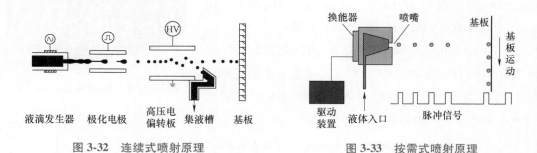

图 3-32　连续式喷射原理　　　　　　　图 3-33　按需式喷射原理

目前,按需式喷射模式主要有热气泡式和微压电式两大类。

1)热气泡式喷嘴的核心部件是加热元件,其工作原理是,喷射液体充满喷嘴喷射室,由芯片电路产生脉宽为几微秒的脉冲电流将喷嘴内的微型加热器迅速加热到 300~400℃,与加热元件表面接触的液体迅速受热气化,形成微小气泡,该气泡可将加热元件与型腔中的液体隔离而避免液体被继续加热。停止加热后,加热元件的余热使气泡膨胀,并挤压液体使之瞬时从喷嘴挤出,随着加热电阻的冷却,气泡逐渐收缩,挤出液体在惯性作用下与喷嘴内液体分开而形成液滴射出。气泡消失后喷嘴型腔产生负压,并在毛细管虹吸作用下,从进液系统中吸入液体重新充满腔体,为下一次喷射做准备。热气泡式喷嘴的优点是:结构简单且制造成本较低。但在实际喷射粘结成形的工艺过程中，热气泡喷射方式只能用于水性粘结剂溶液的喷射。当喷射液体为热敏感液体时，采用热气泡喷射方式难以保证气泡的稳定形成而影响液体的正常喷射。

2）微压电式喷射技术是在装有液体的喷嘴型腔壁内增加压电换能器，以此控制喷嘴型腔的收缩实现液滴的喷射。压电喷射过程主要分为3个阶段：喷射前，压电晶体首先在打印信号的驱动下发生微小变形，然后振动片发生弹性变形，挤压喷嘴型腔使被打印液体克服自身表面张力在喷嘴出口处形成液滴喷射而出。在液滴飞离喷嘴瞬间，压电晶体和振动片恢复原状，喷嘴型腔产生负压，液体重新填满型腔。压电式喷射过程无需加热，溶液不会因受热而发生物理或化学变化，从而降低了对溶液的要求，其喷射过程是电能、机械能、内能和动能之间的转化，因无需加热，可喷射液体的种类远多于热气泡式喷射，包括水溶性、有机溶剂型溶液和溶胶。压电式喷射过程中产生的液滴大小与脉冲电压有关，可通过调节电压幅值来改变液滴大小。压电式喷射速率小于热气泡式喷射速率，但由于压电式喷射方式可根据环境温度来调节脉冲电压幅值和频率，因此能保证在常温下稳定的将液滴喷出，易于实现高精度打印。

3D Systems 公司作为三维打印成形设备全球最早的设备供应商，一直以来致力于三维打印成形技术的研发与技术服务工作。目前该公司推出的 3DP 设备分为 Personal 系列与 Professional 系列。2009 年以来，3D Systems 公司主要推出的，价格 6.5 万元以下面向小客户的，Personal 3DP 设备型号有 Glider、Axis Kit、RapMan、3D Touch、ProJet1000、ProJet1500、V-Flash 等。

图 3-34    ProJet1000 三维打印机

其中 ProJet1000、ProJet1500 个人打印机及 V-Flash 个人打印机具有较高的打印分辨率和速度、更明亮的色彩，其打印的模型耐久性也更好。它们的主要参数见表 3-10，其中 ProJet1000 三维打印机如图 3-34 所示。

表 3-10    3D Systems 公司开发的 3D 打印机主要参数

| 型号 | ProJet 1000 | ProJet 1500 | V-Flash |
|---|---|---|---|
| 模型最大尺寸 | 171mm×203mm×178mm | 171mm×228mm×203mm | 228mm×171mm×203mm |
| 分辨率/DPI | 1024×768 | 1024×768 | 768×1024 |
| 层厚/μm | 102 | 102（高速模式为152） | 102 |
| 垂直建造速度/（mm/s） | 12.7 | 12.7（高速模式为20.3） | N/A |
| 最小特征尺寸/mm | 0.254 | 0.254 | N/A |
| 最小垂直壁厚/mm | 0.64 | 0.64 | 0.64 |
| 材料颜色 | 白 | 白、红、灰、蓝、黑、黄 | 黄色和乳白色 |

（续）

| 文件数据格式 | STL、CTL | | STL |
|---|---|---|---|
| 外轮廓尺寸 | 555mm×914mm×724mm | 555mm×914mm×724mm | 666mm×685mm×787mm |
| 设备重量/kg | 55.3 | 55.3 | 66 |

### 3.7.5　3DP 的优点和缺点

3DP 工艺的优点是成形速度快，成形材料价格低，适合做桌面级的增材制造设备。并且可以在粘结剂中添加颜料，制造彩色原型，这是该工艺最具竞争力的特点之一。

缺点是成形部件的强度低。对于使用石膏粉末等作为成形材料的制件，制件的表面粗糙度受粉末粗细的影响，因此工件表面粗糙，需要进行后处理。并且原型件结构松散，强度低。

### 3.7.6　3DP 的典型应用

3DP 技术成形速度非常快，适用于制造结构复杂的工件，也适用于制造复合材料或非均匀材质材料的零件。3DP 工艺多用于商业、办公、科研和个人工作室等环境。根据打印方式的不同，3DP 工艺又可以分为热发泡式、压电式、DIP 投影式等。

如图 3-35 所示，给出的是采用 3DP 工艺制造的吹塑模具。此外，三维打印成形技术也可以像 SLS 技术一样制造金属制件。如图 3-36 所示，给出的是由 3DP 工艺制造的金属制件。

图 3-35　采用 3DP 工艺制造的吹塑模具

图 3-36　采用 3DP 工艺制造的金属制件

## 3.8　纤　维　缠　绕

纤维缠绕成形技术（Filament Winding）最早出现于 20 世纪 40 年代美国的曼哈顿原子能计划，用于缠绕制造火箭发动机壳体及导弹等军用产品。该技术机械化与自动化程度高，工件适应性强，最大的优点是可以充分发挥纤维的强度与模量优势，在美国申请专利之后，迅速发展成为复合材料制品的重要成形方法。

### 3.8.1 纤维缠绕的原理

纤维缠绕的原理是在控制张力和预定线型的条件下，将浸有树脂胶液的连续丝缠绕到芯模或模具上来成形增强塑料制品。纤维缠绕成形工艺制造出来的制件纤维体积分数、强度等性能更好，生产技术要求较低，适用于连续生产，可有效节约原材料，降低生产成本。目前纤维缠绕成形工艺已被大量应用，以满足各类复合材料零件或结构的整体成形需求。

### 3.8.2 纤维缠绕的常用材料

纤维缠绕成形的原材料主要是纤维增强材料、树脂和填料。

1）增强材料缠绕成形用的增强材料，主要是各种纤维纱：如无碱玻璃纤维纱、中碱玻璃纤维纱、碳纤维纱、高强玻璃纤维纱、芳纶纤维纱及表面毡等。

2）树脂基体是指树脂和固化剂组成的胶液体系。缠绕制品的耐热性，耐化学腐蚀性及耐自然老化性主要取决于树脂性能，同时对工艺性、力学性能也有很大影响。缠绕成形常用树脂主要是不饱和聚酯树脂、环氧树脂和双马来酰亚胺树脂等。对于一般民用制品如管、罐等，多采用不饱和聚酯树脂。对压缩强度和层间剪切强度等力学性能要求高的缠绕制品，则可选用环氧树脂。航天航空制品多采用具有高断裂韧性与耐湿性能的双马来酰亚胺树脂。

3）填料种类很多，加入后能改善树脂基体的某些功能，如提高耐磨性、增加阻燃性和降低收缩率等。在胶液中加入空心玻璃微珠，可提高制品的刚性，减小密度降低成本等。在生产大口径地埋管道时，常加入30%石英砂，借以提高产品的刚性和降低成本。为了提高填料和树脂之间的粘接强度，填料要保证清洁和进行表面活性处理。成形中空制品的内模称芯模。一般情况下，缠绕制品固化后，芯模要从制品内脱出。

缠绕成形的芯模材料分两类：熔、溶性材料和组装式材料。熔、溶性材料是指石蜡、水溶性聚乙烯醇型砂、低熔点金属等，这类材料可用浇铸法制成空心或实心芯模，制品缠绕成形后，从开口处通入热水或高压蒸汽，使其溶、熔，从制品中流出，流出的溶体，冷却后重复使用。组装式芯模材料常用的有铝、钢、木材及石膏等。另外还有内衬材料，内衬材料是制品的组成部分，固化后不从制品中取出，内衬材料的作用主要是防腐和密封，当然也可以起到芯模作用，属于这类材料的有橡胶、塑料、不锈钢和铝合金等。

### 3.8.3 纤维缠绕的成形过程

纤维缠绕成形工艺流程如图3-37所示，首先是将纤维进行浸胶等处理，然后通过芯模和丝嘴的相对运动，使纤维在缠绕角度、缠绕张力、纱带特定几何尺寸等工艺参数下，按照一定的规律缠绕到特定的芯模表面，再然后加热或在常温下固化，经过固化脱模后制成一定形状的制品。如图3-38所示为纤维缠绕工艺过程示意图。

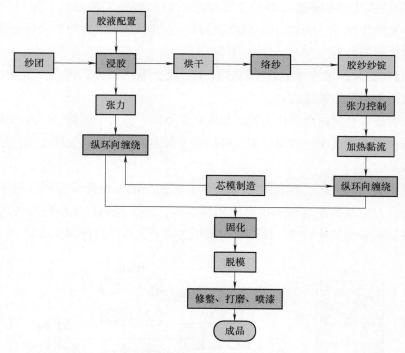

图 3-37　纤维缠绕成形工艺流程

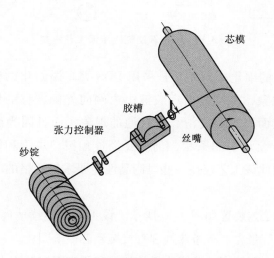

图 3-38　纤维缠绕工艺过程示意图

在实际复合材料生产中，纤维缠绕成形方法既适用于对称轴与芯模转动轴重合的回转体结构制件的制备，也适用于汽车车身、飞机机翼、发动机壳体等非回转体制件的制备。

纤维缠绕制品的工艺流程如下：

1）原材料树脂基和纤维的选取及管道结构设计。根据产品性能的要求进行规划设计，获得缠绕方式、工艺路线和铺层数量等。

2）根据缠绕件生产中需要控制的技术要求，确定缠绕工艺参数，如树脂黏度、缠绕角、缠绕速率和固化度等。最常用的是使用经验与三维模型相结合的方法分析缠绕件成形质量和工艺参数之间的关系。

3）最后将树脂和纤维按预定的控制参数在芯模上缠绕铺排，再在高温炉中进行固化，最后进行脱模、表面抛光等处理。

根据纤维缠绕成形时树脂基体的物理化学状态不同，分为干法缠绕、湿法缠绕和半干法缠绕三种。三种缠绕方法中，以湿法缠绕应用最为普遍。干法缠绕仅用于高性能、高精度的尖端技术领域。

干法缠绕树脂浸渍工艺装置如图 3-39 所示。将连续的玻璃纤维卷从纱架上抽出捻成一束浸渍树脂后，在高温炉中烘烤一定时间蒸发溶剂，再经过热压辊挤压除气后收为纱锭保存。使用时纱锭不需经其他处理，按设计包裹于芯模后，再经热熔固化即可。

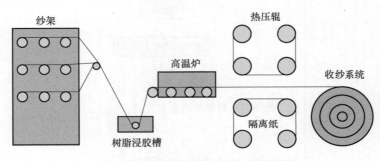

图 3-39 干法缠绕树脂浸渍工艺装置

该工艺要求所使用的固化剂，尤其是采用 DDS 类高温固化的树脂基体，在高温炉中烘干时不应出现挥发现象，否则会出现胶液由内侧向外侧转移的情况，导致制品外侧富胶、内侧贫胶。有时表面出现不光滑，有气泡的现象。而且因为缠绕时已经被树胶脂包裹的纤维束要拉伸成连续均匀的条状，仍然要经过预浸、烘干和络纱等工序，劳动量和劳动成本大幅提高。因此该工艺仅在一些对制品性能要求较严格的场合使用，如军用炮筒、航天领域等。

湿法缠绕树脂浸渍工艺装置如图 3-40 所示。该工艺将连续玻璃纤维丝经胶筒浸渍树脂后，利用张力控制器调节张力，不做热处理直接缠到芯模上固化。

因为纤维是浸胶后立即缠绕，缠绕质量的把控和检查都在缠绕中动态完成，因而质量很难精准控制。同时因为在固化过程中，胶液中的大量溶剂会挥发，缠绕过程中纤维张力的均匀性很难控制，这导致固化时缠绕件内部和表面容易产生气泡。并且挤胶辊、胶筒、导辊等需要经常维护、擦洗，才能使其能够可靠的工作运行，否则影响刮胶效果和张力控制。如果某一处纤维发生互相打结、纠缠，将会影响整个缠绕的后续工艺和缠绕质量，还会造成时间上的浪费。综上所述，在湿法缠绕成形中，影响缠绕件质量的不可控因素过多，其成形质量较差，不适合精密生产。但湿法缠绕的设备容易上手，原材料来源广泛，在我国低端制造领域应用广泛。

半干法缠绕树脂浸渍工艺装置如图 3-41 所示，此种工艺以湿法缠绕工艺为基础在缠绕前做烘干预热，二级加热法加速了缠绕件在芯模上的烘干过程，可在室温下进行缠绕。这种成形工艺采用多级加热的方法逐步除去了溶剂，更好的减少了制品中空隙、气泡的数量，又较干法缠绕缩短了工艺流程。兼具干法、湿法两者的优点，非常具有应用前景。

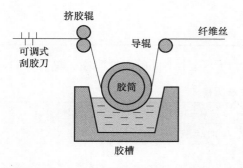

图 3-40　湿法缠绕树脂浸渍工艺装置

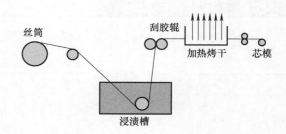

图 3-41　半干法缠绕树脂浸渍工艺装置

纤维缠绕工艺的主要工艺参数有树脂黏度、缠绕角、缠绕速率和固化度等。另外，对成形性能有主要工艺影响的参数为：纤维张力、均匀性、缠绕压力、缠绕方式等。

1）纤维张力。张力过大，纤维塑性变形大、磨损大，导致制品强度下降。张力不足，内压容器构件的预压缩应力可能不足以与充压相平衡，使制品抗疲劳性能降低。

2）均匀性。如果纤维束之间张紧程度不一样，承受载荷时各个纤维束不能同时承受力或是承受力大小不均匀，易导致纤维束断裂。

3）缠绕压力。由于纤维是层层缠绕的，如图 3-42 所示取第 $n$ 层为研究对象，随着缠绕的进行，第 $n$ 层

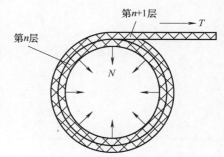

图 3-42　缠绕压力示意图

纤维在所有外部纤维缠绕成形总压力的作用下收缩，层间间隙增大，纤维层发生松弛，影响内部任意各层纤维环向应力，内层树脂基出现饱和泌出现象。

4）缠绕方式。纤维缠绕方式如图 3-43 所示，分为环向缠绕、平面缠绕和螺旋缠绕三种。纤维缠绕方式对复合材料内压管强度的影响显著。环向缠绕角通常在 85°~90° 之间，环向缠绕加强的是制品的周向强度。轴向受拉力时多采用平面缠绕，其缠绕角小于 25°。螺旋缠绕在首尾两端提供经纬两个方向的强度，在芯模轴身段提供周向和轴向两个方向强度，多用于需要在复杂工作情况下工作的产品中。不同的复合材料最佳缠绕角也不同，合理的缠绕角还可节约材料。

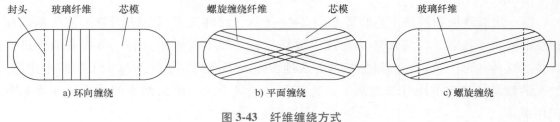

a) 环向缠绕　　　　　　　b) 平面缠绕　　　　　　　c) 螺旋缠绕

图 3-43　纤维缠绕方式

## 3.8.4　纤维缠绕设备

作为缠绕成形工艺中最重要的设备，缠绕机也经历了几个不同的发展阶段，见表 3-11。

表 3-11　缠绕机的发展历程

| | 第一阶段 | 第二阶段 | 第三阶段 | 第四阶段 |
|---|---|---|---|---|
| 类型 | 机械传动式 | 数字控制式 | 通用计算程序控制式 | 微机控制式 |
| 控制方法 | 齿轮、链条、离合器等传动机构配合控制 | 控制介质（传动位移）转化成为电脉冲数字量进行控制 | 依靠存储器中的系统程序来完成控制 | 数字 PID 控制，实现多轴联动的控制 |
| 特点 | 机械结构、可靠运行。传动比计算麻烦、非线形缠绕、精度不高 | 能满足一些特殊造形制品的要求。但在特别复杂结构上仍存在一定困难 | 编写程序代码就能控制各式产品的缠绕，灵活性高。但因为通用计算机的高成本使其未得到普及 | 线形精度高，运行可靠，操作简便，制品重复度高 |
| 典型代表 | 1974 年美国 Kellog 公司制造了第一台机械式缠绕机 | W2 型简易数字控制缠绕机以及德国约瑟夫·拜尔公司研制的 WE-250 型数字控制缠绕机 | — | 美国麦林·安德逊公司、约瑟夫·拜尔公司以及英国的科拉斯公司等都生产该类型缠绕机 |

缠绕机是实现缠绕成形工艺的主要设备。缠绕机主要由控制系统和模架系统组成，缠绕机控制系统的方框图如图 3-44 所示。控制系统由控制介质及控制装置组成。控制介质如缠绕方式、张力控制等被输入控制装置以实现对缠绕工艺的控制。

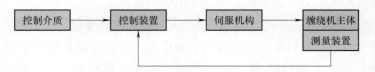

图 3-44　缠绕机控制系统的方框图

缠绕机按照结构可以分为托盘缠绕机、无托盘缠绕机、水平缠绕机、悬臂缠绕机、环行缠绕机、滚筒缠绕机、钢带缠绕机。

缠绕机按照包装物被包裹程度可以分为：

1）全裹式缠绕机，包括扭结式、覆盖式、贴体式、接缝式等缠绕机。

2）半裹式缠绕机，包括折叠式、收缩式、拉伸式、缠绕式等缠绕机。

缠绕机按照机械自动化程度可分为：手动缠绕机、半自动缠绕机、全自动缠绕机。如图 3-45 所示为全自动缠绕机。

图 3-45　全自动缠绕机

## 3.8.5　纤维缠绕的优点和缺点

经纤维缠绕成形的复合材料制品具有一般纤维增强树脂基复合材料制品的优点，同时还具有下述特点：

1）强度高。采用纤维缠绕成形工艺的制件自身的纤维体积分数高，纤维体积分数一般可达 80%，可充分发挥纤维组分自身强度高的特点；缠绕过程中纤维受张力的作用，给芯模或下层纤维施以正压力，减少了缠绕构件，甚至不用放入热压罐中加热加压固化，强度也较高；缠绕制件采用的纤维束一般为无捻粗纱，避免了工艺中对纤维造成的磨损。同时，在相同体积下，纤维缠绕制件的重量轻于钢材等普通金属制件。

2）可靠性高。经合理纤维缠绕成形工艺制造出的制件产品质量稳定，可极大缓解减轻重量、提升强度与增强韧性之间的矛盾。

3）生产率高。纤维缠绕成形工艺一般采用大型自动化生产设备生产，对生产准备的要求较低，对工人技术水平要求较低，且纤维缠绕速度较快；纤维缠绕工艺设备具有机械化、自动化和高速化等特点，使生产率大幅度提高，便于大批量生产。

4）能够成形巨大的结构。特别适于制造压力容器、固体火箭发动机壳体和贮箱等薄壁结构；可利用纤维缠绕工艺缠绕热压罐（用于加热固化强度要求较高的缠绕构件），并且可以现场成形庞大的结构。

不过，纤维缠绕成形也存在缺点。

1）零件形状受限。基于纤维缠绕成形工艺自身适用于回转体结构的特点，纤维缠绕成形工艺对异形制件的制造存在困难，如有凹形结构的制件等。目前缠绕成形工艺主要用于缠绕两端带封头的椭球形、球形、锥形及某些凸形回转体制品，母线内凹的回转体由于架空现象不能很好的缠绕出规定的形状，缠绕轨迹的计算有时很复杂。

2）设备要求较高。纤维缠绕成形工艺对采用计算机控制的自动化生产设备依赖性较强，纤维缠绕必须有能实现规定缠绕方式的缠绕机、高质量的芯模和专用的固化加热炉，因此设备投资较大，只有大批量生产时成本才相对较低，对于小批量制件，采用纤维缠绕成形工艺将会加大生产成本。

3）芯模形状受限。芯模要设计成易于脱模的形状，采用石膏和易碎的型砂、易熔的金属，在打碎或熔化芯模时，可能会对内层的缠绕纤维有损伤。

4）缠绕角度受限。能够实现缠绕的角度存在限制，某些回转体类结构难以实现轴向角度的缠绕。

### 3.8.6　纤维缠绕的典型应用

纤维缠绕可用于很多方面，简单的如制造管件，复杂的如制造飞机壳体、汽车的框架等，常见的制品有压力容器、导弹发射管、发动机箱体、汽车弹簧片、油箱壳体等。

民用缠绕复合材料制品主要有管道、储罐、发电机叶片等；军用方面，缠绕成形可生产高性能、精确缠绕的结构件，如火箭发射管、雷达罩、鱼雷发射管等；在航空航天方面也有重要的应用，如纤维缠绕气瓶、固体火箭发动机壳体等，如图3-46所示。

图3-46　纤维缠绕成形的固体火箭发动机壳体

# 3.9　纤　维　铺　放

复合材料纤维铺放成形技术是20世纪70年代作为对纤维缠绕、自动铺带技术（ATL）、自动铺丝技术（AFP）的改革而发展起来的一种全自动复合材料加工技术，也是近年来发展最快、效率最高的复合材料自动化成形制造技术之一。纤维铺放技术弥补了纤维缠绕技术的不足，不仅可以成形负曲率构件、加强筋板等，而且在大平面表面铺放时也可以保证足够的压紧力，避免出现层间分离等现象。其中，纤维铺放技术在航空、航天等高性能复合材料零件制造中的应用得到了各界的广泛关注。

### 3.9.1　纤维铺放的原理

纤维铺放（Fibre Placement）的工艺原理是将预浸纱束从绕纱架上送到加工头内，在此，纱束被平直成纱带，然后被压实在芯模表面上，这项自动化的工艺可以被看作纤维缠绕和自动铺带的协同叠加，这种协同组合能提高结构的可设计性和各种形状的可实现性。

## 3.9.2  纤维铺放的常用材料

纤维铺放成形中使用的材料主要是聚合物基复合材料（Polymer Matrix Composites，PMC），而 PMC 作为结构复合材料中起步最早、研究最多、应用最广、规模最大的一类，通常又分为热塑性复合材料（Fiber Reinforced Thermoplastic Plastic，FRTP）和热固性复合材料（Fiber Reinforced Thermoset Plastic，FRSP）。

热塑性复合材料是以热塑性树脂为基体，用各种纤维做增强材料制造成的复合材料。常用的增强材料有玻璃纤维、芳纶纤维、碳纤维等。热塑性复合材料中的树脂分子链都是线性或者带支链的结构，各子链之间没有化学键产生，具有加热变软可流动，冷却固化变硬的特点，而且这个过程是物理变化，是可逆的，可以反复进行。而热固性复合材料，在第一次加热时可以软化流动，加热到一定温度，产生化学反应从而交链固化变硬，这个过程是不可逆的。此后，再次加热时，已不能再软化流动了。热固性复合材料在固化之前是线性的或者带支链的，固化后分子链间形成化学键，成为三维的网状结构，不能再熔融。表 3-12 列出了热固性与热塑性复合材料的工艺性能的对比情况。热塑性复合材料由于加工过程是物理变化，加工产生的废料可以回收再次应用，但要求的加工温度更高，生产周期更短，这意味着对关键工艺参数的控制更难。热塑性复合材料与热固性复合材料在强度上相似时，热塑性复合材料具有更高的比强度，更高的比模量。同时具有更好的抗化学腐蚀能力，优秀的抗电磁波干扰能力，并且不反射电磁波，这为其在航空航天、国防上的应用提供了更大的竞争力。由于其玻璃化温度较高，使得其使用温度有了提升。

表 3-12  热固性与热塑性复合材料的工艺性能对比

| 工艺性能 | 热固性复合材料 | 热塑性复合材料 |
| --- | --- | --- |
| 材料 | 石墨-环氧树脂 | 石墨-PEEK |
| 工艺过程的性质 | 化学反应 | 相变过程 |
| 生产周期的长短 | 2~5h | 1~30min |
| 标准温度 | 250~400 ℉ | 600~800 ℉ |
| 工艺过程特征 | 批量生产 | 批量或连续生产 |
| 关键性工艺参数 | 胶流、凝胶 | 加热、冷却和结晶度 |
| 树脂黏性 | 低 | 高 |
| 温度历程的敏感期 | 凝胶前 | 成形阶段 |
| 加工性能 | 不可重复加工 | 可重复加工 |

### 3.9.3 纤维铺放的成形过程

典型纤维铺放系统如图3-47所示，该铺放系统由旋转芯模和多自由度铺放头（手臂）构成，具有七个自由度，铺放头安装在六自由度手臂的末端，可以实现多路纱束的重送、切断、施压、铺放等任务。

纤维铺放成形过程中，纱束带需依次通过预加热区、空气冷却区、主加热区、熔合区、空气冷却区和特定冷却区共六个区域。

首先对预浸纱束进行预加热，提高纤维铺放的速率；再对预浸纱束进行主加热，让预浸纱束上的预浸料熔化，使预浸纱束具有一定的流动性和黏弹性。并在出纱口位置紧密排列成一条纱束带，然后在压辊压力作用下，使纱束带与之前的铺层（或芯模表面）粘结成一体；完成粘结后的铺层进入特定冷却区完成最终的冷却固结。

图3-47所示的典型纤维铺放系统中，储纱箱安装在轨道上，能够独立控制各路纱束的张力，同时为了防止纱束在加工过程中软化，储纱箱具备制冷功能。

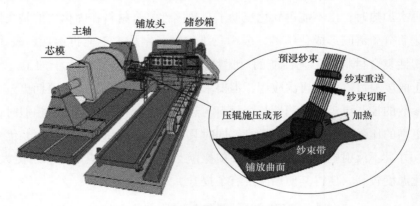

图3-47 典型纤维铺放系统

**（1）铺放头工作原理** 铺放头是纤维铺放机的核心部件。在功能方面，铺放头必须具有纤维传送、夹紧、加热、压紧、剪切等装置。此外，还需要有支撑、导向、传感、控制、位移、驱动、张紧等辅助装置。

以单路为例，预浸渍纤维带先由导引装置传送至压紧装置，由压紧机构产生纤维张力，浸渍带继续被传送至铺放压辊，由加热装置将其加热软化后，在压辊的压紧作用下铺放在芯模表面。通过电动机控制铺放头各旋转自由度，可以实现沿不同方向的铺放。当铺放到达芯模端部，需要切断浸渍带时，由剪切机构执行切断操作。

**（2）铺放头主要组成**

1）传送装置。将纤维带输送至铺放头，以便在芯模表面铺放；连续铺放时，利用摩擦力将切断的纤维带端部重新送至铺放头，开始新一轮铺放。

2）夹紧装置。当纤维带送进铺放头时将纤维带压紧，使其产生张力，并防止在切断纤维带时由于纤维的弹性张力而回缩。当纤维带重新传送时，夹紧装置松开。

3）加热装置。在铺放前将预浸渍纤维带加热软化，使其具有黏性，便于层间铺放。

4）压紧装置。通过施压辊将纤维带展平压实在芯模表面，并使层间粘结紧密。

5）剪切装置。在铺放头完成一次铺放过程后，由剪切装置根据需要切断某一路或所有纤维带。铺放头上的传感器搜集铺放位置信号，传给控制系统，由控制系统发出指令，在指定位置切断纤维带。

**（3）纤维铺放过程中的加热工艺**　自动纤维铺放过程中，为提高铺放效率，通常设置预加热及主加热两个加热环节。如图 3-48 所示为纤维铺放工艺简图。

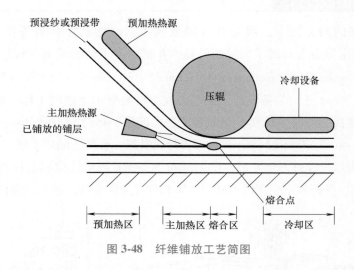

图 3-48　纤维铺放工艺简图

首先，设置预加热区，可显著缩短主加热所需时间，提高纤维铺放效率，同时，可避免铺放熔合点处温度梯度变化过大而引起过多的残余应力。预加热时，为保持基体材料原有的物理化学性质及最大限度提高铺放速率，预加热温度通常应略低于基体材料玻璃转化温度。在主加热区，为使基体材料充分熔融，主加热区的温度又应高于基体材料的玻璃转化温度，同时，考虑铺放效率，主加热区热源的加热温度略高于基体材料退化温度是较为合理的。在纤维铺放过程中，通常会设置特定的冷却区对熔合后的铺层进行冷却，以完成其最终的结晶固化，而不是让其在室温条件下自然冷却。

影响铺放成形质量的因素有铺放温度、铺放压力、铺放速率。

**（1）铺放温度**　指铺放过程中预浸丝表面的温度。铺放温度过高，树脂黏度过低，树脂流动性增强，使得树脂在铺放压力的作用下横向流动增加，从而使纤维排布状态发生改变，可能导致纤维方向偏离设计方向，导致性能下降；而温度过低将导致树脂的黏度过大，影响预浸丝束的贴合状态。

**（2）铺放压力**　即压辊加载于预浸丝上的压力，可以将单位宽度的预浸丝所受压力载荷大小作为铺放压力。铺放压力选择太小会导致树脂面积变化率太小，树脂扩散不充分，此时预浸丝与基底的粘结性不足、贴合状态不佳；而选择铺放压力过大会导致预浸丝横向变形程度加大。

**（3）铺放速率**　直接决定载荷作用时间，铺放速率过大将导致载荷作用时间过短，树脂扩散不充分，预浸丝与模具表面或者预浸丝相互之间无法紧密贴合，影响铺放质量。与此同时，若要选择较高的速率必须考虑机械设备限制。但铺放速率除了影响铺放质量之外，更重要的是它直接决定了产品的生产率，铺放速率越大，产品的生产周期越短，铺放的生产率越高。因此，在保证铺放质量的基础上，考虑到设备限制的前提下，应尽量选择大的铺放速率。

## 3.9.4　纤维铺放设备

以美国为代表的西方国家，围绕纤维铺放技术，特别是在其装备技术、材料技术和 CAD/CAM 软件技术等方面开展了大量的研究，并得到了丰硕的成果。较早开始研制纤维铺放技术的公司有 Boeing 公司、Cincinnati Milacron 公司和 Hercules 公司等，20 世纪 70 年代机械工程师 Quentin Wood 开始装备设计、工艺研究与材料研制等诸项工作。他提出了"AVSD 铺放头"设想，解决了纤维束压实、切断和重送的问题。1985 年 Hercules 公司研制出了第一台原理样机。1989 年 Cincinnati Milacron 公司设计出其第一台纤维铺放系统，并于 1999 年投入使用，如图 3-49 所示。经过多年发展，Cincinnati Milacron 纤维铺放机的控制系统从模拟控制升级到全数字控制，并开发了专用的 CAD/CAM 软件与硬件配套，使其功能日臻完善。

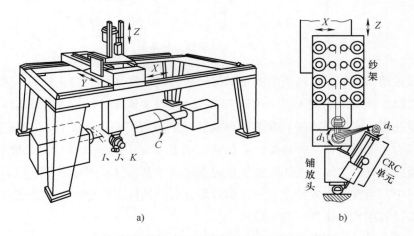

图 3-49　Cincinati Milacron T3-886 铺放设备

西班牙 MTorres 公司经过多年的研发，推出了 TORRES-FIBER-LAYUP 纤维铺放机。如图 3-50 所示为 MTorres 公司制造的自动化纤维铺放机，其用来制造空客 A350 的复合材料机翼后梁。该铺放机能随时全速切割和添加任何纤维，具有 60m/min 的材料铺放能力，由于采用旋转切割技术，使得装置在添加或切割纤维时完全不需要减速，该设备的这一特点与其他同类设备相比极具竞争力。TORRES-FIBER-LAYUP 纤维铺放机具有很高的工作可靠性，铺放工作中常见的纤维缠绕、打折等现象，在该设备中都得到了完美解决。

能够加工复杂形状零件的纤维铺放机床具有较高的集成化和自动化水平，而且价格昂贵，对于制造简单的中小型复合材料零件显然是不经济的。为了解决这个问题，一些设备制造商开发了面向零件的纤维铺放设备。这种铺放设备仅为制造有限范围且结构简单的复合材料构件而设计，大幅度地减少了设备费用。例如 Coriolis 公司的八轴纤维铺放系统，如图 3-51 所示。

图 3-50　MTorres 公司的自动化纤维铺放机

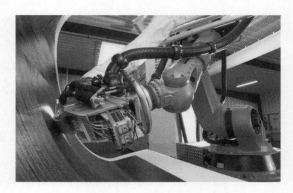

图 3-51　Coriolis 公司的八轴纤维铺放系统

国内方面，南京航空航天大学在 2000 年获得总装备部"航空支撑"和国家科技部"863"资助，与上海万格复合材料技术有限公司合作完成了国内第一台八轴纤维铺放原理样机，开发了基于 CATIA 的自动铺放的 CAD/CAM 软件原型，初步形成了纤维铺放及装备技术体系。

武汉理工大学与北京航天工艺研究所、西安复合材料研究所等单位合作开展了自动铺放技术研究，完成了装备技术的研制和工艺技术的研发。对圆锥体进行了铺放机理的研究，提出了圆锥形曲面的轴向铺放、等铺放角螺旋铺放、变铺放角螺旋铺放和环向铺放四种铺放形式的设计方法。所研制的纤维铺放机能够实现四路纱束的铺放，每路纱束可单独控制重送或切断。

哈尔滨工业大学开发了基于 Open GL 的铺放运动模拟仿真软件，研究了基于手臂末端运动轨迹和基于手臂末端施压方向的两种铺放轨迹的后置处理算法，提出了基于纱带边缘曲线的铺放轨迹规划方法和优化方法，完成了铺放软件原型的设计工作。

## 3.9.5　纤维铺放的优点和缺点

纤维铺放工艺以其生产速度快、产品质量稳定、可靠性高的优势，真正实现了复合材料零件的高性能制造，该技术具有如下优点：

1）铺放轨迹设计的自由度大，不受"测地线""自然路径"的约束，可实现连续变角度铺放，可铺放成形凹曲面，不会出现纱束架空现象，适应大曲率复杂构件制造，且具有接近自动铺带机的工作效率。

2）铺放头由多自由度手腕驱动，加工动作灵活，使得铺放装置的适应性强，操作区域不会受到很大的限制。

3）可精确控制铺放厚度。每路纱束都具有独立的传输、引导通道和张力控制系统，当铺放头将纱束从纱架上拉出并压到制件表面时，在铺放的带宽范围内每路纱束对应着一个唯一的线长度，纱带外缘纱束较内侧纱束的拉出距离长，故各路纱束的进给速度不同。

4）具备纱束的夹紧、重送和切断功能。这个特点允许任何一路纱束被剔出或添加，从而改变纱带的宽度，宽度的变化量等于单束纱束宽度的整数倍，从而避免了材料浪费，可以完成局部加厚、混杂、开口、加筋等设计任务。

5）具备压实、加热功能。铺放头通过压辊将多路纱束压到制品表面，以排除空气，同时在压辊的压紧区域加热纱束，引起树脂流动，使压辊更容易去除纱束间的间隙。可控的压力和加热温度保证了制件的质量。

6）纤维铺放系统可以作为复合材料零件的制造平台，实现与纤维缠绕、铺带技术的联合加工，提高复合材料零件的生产率。

7）采用 CAD/CAM 及仿真技术，实现了复合材料成形的一体化和数字化。CAD 技术可实现铺放轨迹规划与优化、纱束控制位置计算、纤维覆盖性分析、纱束数量计算等功能。CAM 技术可实现加工运动仿真、铺放轨迹后置处理、可铺性分析、纱束控制代码和运动控制代码生成等功能。

但是就国内而言，制约纤维铺放工艺发展的主要因素是纤维铺放成形设备以及原材料。国内自动纤维铺放设备主要依靠进口，并且大多为自动纤维带铺放设备。昂贵的纤维丝铺放设备制约了铺放轨迹规划算法及铺层特性的研究。

对于纤维铺放的成形材料，主要是碳纤维单向增强热塑性树脂基预浸丝或预浸带的生产。目前，国内仅有生产碳纤维单向增强热固性树脂基（环氧树脂基）预浸丝或预浸带的企业，没有生产碳纤维单向增强热塑性树脂基预浸丝或预浸带的单位，这类预浸丝或预浸带通过实验室制作，会存在生产质量不稳定的问题，不利于铺放工艺与铺层特性研究。

## 3.9.6　纤维铺放的典型应用

纤维铺放技术在纤维缠绕和自动铺带技术的基础上添加了纱束切断、再次铺放、压实等功能。因此，与纤维缠绕技术和自动铺带技术相比，纤维铺放技术具有更广泛的应用范围。目前，纤维铺放技术在飞机制造领域、汽车制造领域有重要应用。在飞机制造领域中，应用纤维铺放技术可大幅度提高飞机的性能，降低结构重量。

如图 3-52a 所示是美国 Boeing 公司采用 7 轴 24 纱束自动铺放系统，生产出的 Boeing747 及 767 的直径为 3m 的发动机进气道整流罩试验件。

Northrep Grumman 公司应用该技术制造出了 C-17 的复合材料发动机短舱门以及 F/A-18E/F 的进气道、GE90 的风扇叶片等。

Boeing 和 Hercules 公司开发研制了 V-22 倾转旋翼飞机的复合材料整体后机身（图 3-52b），原有后机身由 9 块手工铺叠的壁板装配构成，改为整体铺放后，减少了 34% 的连接件和

53%的工时，节约了64%的原材料。

自动铺放技术在第四代战斗机的典型应用包括S形进气道（图3-52c）和机身、F35的中机身和翼身的融合体蒙皮等。

Raytheon公司将自动铺放技术应用到商用飞机生产中，包括Premier I（图3-52d）和霍克商务机的机身部件。

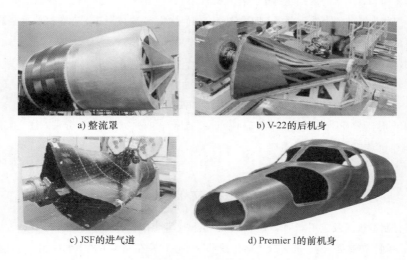

a) 整流罩　　　　　　　　　　　　b) V-22的后机身

c) JSF的进气道　　　　　　　　　d) Premier I的前机身

图 3-52　各种铺放成型构件

如图3-53所示为Boeing787的机身，全部采用复合材料自动铺放技术分段整体制造，大大简化了制造工艺，带来了航空制造技术的变革。

图 3-53　飞机机身段整体自动铺放成形

## 思考题

1. 列出增材制造技术常用的工艺方法。
2. 简述 FDM 增材制造的成形原理及其优点。
3. 简述 SLS 增材制造后处理的作用。
4. SLM 工艺和 SLS 工艺的区别在哪里？各有何特点？
5. SLM 有哪些独特的冶金缺陷（区别于铸造）？如何优化 SLM 成形工艺改善这些冶金缺陷？
6. 归纳 SLM 设备的组成及核心元器件，并阐述其作用。
7. LDED 技术的优缺点分别是什么？
8. LDED 技术的工艺参数有哪些？对成形制件性能有什么影响？
9. 3DP 所使用打印喷嘴分为哪几类？各自的原理和使用条件是什么？
10. 根据成形时树脂基体的物理化学状态不同，纤维缠绕可分为哪几类？分别阐述它们的优缺点。
11. 列出纤维铺放机中铺放头的组成。

## 参 考 文 献

[1] 王广春. 增材制造技术及应用实例 [M]. 北京：机械工业出版社，2014.

[2] 丁红瑜，孙中刚，初铭强，等. 选区激光熔化技术发展现状及在民用飞机上的应用 [J]. 航空制造技术，2015，04：102-104.

[3] 宋长辉. 基于激光选区熔化技术的个性化植入体设计与直接制造研究 [D]. 广州：华南理工大学，2014.

[4] 叶梓恒. Ti6Al4V 胫骨植入体个性化设计及其激光选区熔化制造工艺研究 [D]. 广州：华南理工大学，2014.

[5] 富宏亚，李玥华. 热塑性复合材料纤维铺放技术研究进展 [J]. 航空制造技术，2012，18：44-48.

[6] 杨占尧，赵敬云. 增材制造与3D打印技术及应用 [M]. 北京：清华大学出版社，2017.

[7] 朱勇强. 机器人激光定向能量沉积及其增减材复合工艺与性能研究 [D]. 广州：华南理工大学，2022.

[8] 靳逸飞，丁永春，温家浩. 立体光固化增材制造技术应用现状及展望 [J]. 金属加工（热加工），2023，03：18-23.

[9] 苏国梁，刘洪军，李亚敏. 精铸型壳的增材制造技术研究进展 [J]. 精密成形工程，2021，13（01）：139-145.

[10] 张金良. 激光选区熔化铝基与钛基轻质合金及其复合材料的设计与成形研究 [D]. 武汉：华中科技大学，2021.

[11] 蔡志楷，梁家辉. 3D打印和增材制造的原理及应用 [M]. 4版. 北京：国防工业出版社，2017.

[12] 周伟民. 3D打印技术 [M]. 北京：科学出版社，2016.

[13] 郭文霞，吴永军，刘海亮. FDM 工艺精度影响因素的实验分析 [J]. 机械制造与自动化，2023，52（05）：100-103.

[14] 郑聪，李瑞迪，袁铁锤，等. 选区激光熔化与定向能量沉积 NiTi 形状记忆合金组织与性能的对比研究 [J]. 中南大学学报，2021，28（04）：1028-1042.

［15］梁瑜洋. 大型龙门式纤维缠绕/铺放成形机虚拟样机研制［D］. 西安：西安工程大学，2015.

［16］张凯. 玻璃纤维缠绕件芯模的优化研究［D］. 太原：中北大学，2017.

［17］刘长志. 纤维缠绕成形中树脂流动/纤维密实行为研究［D］. 大连：大连理工大学，2016.

［18］邵忠喜. 纤维铺放装置及其铺放关键技术研究［D］. 哈尔滨：哈尔滨工业大学，2010.

［19］ZHANG T, HUANG Z, YANG T, et al. In situ design of advanced titanium alloy with concentration modulations by additive manufacturing［J］. Science, 2021, 374：478-482.

［20］FEREIDUNI E, GHASEMI A, ELBESTAWI M. Selective laser melting of aluminum and titanium matrix composites：Recent progress and potential applications in the aerospace industry［J］. Aerospace, 2020, 7：1-38.

［21］MARIĆ Josip, OPAZO-BASÁEZ Marco, VLAČIĆ Božidar, et al. Innovation management of three-dimensional printing（3DP）technology：Disclosing insights from existing literature and determining future research streams［J］. Technological Forecasting and Social Change, 2023, 193：122605.

［22］ZHAI Y, GALARRAGA H, LADOS D A. Microstructure, static properties, and fatigue crack growth mechanisms in Ti-6Al-4V fabricated by additive manufacturing：LENS and EBM［J］. Engineering Failure Analysis, 2016, 69：3-14.

［23］Gardan J. Additive manufacturing technologies：state of the art and trends［J］. International Journal of Production Research, 2016, 54（10）：15.

［24］MAHDI Y, MOHAMMADREZA T S, ALI T K, et al. Microstructure evolution, corrosion behavior, and biocompatibility of Ti-6Al-4V alloy manufactured by electron beam melting（EBM）technique［J］. Colloids and Surfaces A：Physicochemical and Engineering Aspects, 2023, 679：132519.

［25］MARYAM K Z, MAHDI Y, MOHAMMADREZA T S. Microstructure, corrosion behavior, and biocompatibility of Ti-6Al-4 V alloy fabricated by LPBF and EBM techniques［J］. Materials Today Communications, 2022, 31：103502.

［26］SORRENTINO L, MARCHETTI M, BELLINI C, et al. Manufacture of high performance isogrid structure by Robotic FilAMent Winding［J］. Composite Structures, 2017, 164：43-50.

［27］MARSH G. Automating aerospace composites production with fibre placement［J］. Reinforced Plastics, 2011, 55（3）：32-37.

［28］KURZYNOWSKI T, CHLEBUS E, BOGUMIŁA K, et al. Parameters in selective laser melting for processing metallic powders［C］. New York：SPIE, 2012.

［29］TANG H P, YANG G Y, JIA W P, et al. Additive manufacturing of a high niobium-containing titanium aluminide alloy by selective electron beam melting［J］. Materials Science & Engineering A, 2015, 636：103-107.

［30］GÜNTHER D, HEYMEL B, GÜNTHER J F, et al. Continuous 3D-printing for additive manufacturing［J］. Rapid Prototyping Journal, 2014, 20（4）：320-327.

［31］HUANG H, NIE B, WAN P, et al. Femtosecond fiber laser additive manufacturing and welding for 3D manufacturing［C］. New York：SPIE, 2015.

［32］SPIERINGS A B, WEGENER K, LEVY G. Designing material properties locally with additive manufacturing technology SLM［C］. Zurich：ETH-Zürich, 2014.

# 第4章

## 增材制造零部件的组织性能特征

# 4.1　增材制造零件的微观结构特性

## 4.1.1　零件的微观结构

在金属增材制造过程中，当激光等能量源作用在金属材料时，原材料从熔化到快速凝固的过程中经历了能量的吸收与散射、热量的传输、相变及熔池中熔体的流动等一系列复杂的物理化学现象，并且零件局部区域在周期性、长时间剧烈热循环作用下，应力和微观组织演变也十分复杂。打印各类材料时，可以在加工窗口范围内通过能量密度和扫描速度的变化来调整熔池的热力学和动力学行为，从而控制晶粒的大小和形状、相的含量和成分来得到所需的力学性能。

SLM 成形件的微观结构细小，合金元素饱和，呈现亚稳定的特点。在 EBM 工艺中，高预热温度提供了应力消除和原位退火，这造成微观结构比较粗糙。精细的微观结构会产生与锻造或铸造材料相当的强度，有时甚至接近常规材料在时效硬化条件下的强度（如 AlSi10Mg），但它们的延展性通常较低。对于 Ti6Al4V 更是如此。

以增材制造常用的 Ti6Al4V 和 AlSi10Mg 合金为例。Ti6Al4V 是一种典型的 α-β 型两相钛合金，有体心立方晶格 β 相和密排六方晶格 α 相两种同素异构体，具有优异的综合性能。与锻件不同，SLM 成形过程中极快的冷却速度导致原始 β 相直接转变成细小的 α′ 马氏体，如图 4-1a 所示。Ti6Al4V 固化后的熔池不易观测，但对于其他材料（如 AlSi10Mg）则可以清楚的观察到圆弧形的熔池边界，如图 4-1b 所示。SLM 成形 Ti6Al4V 虽然强度高，但与 α+β 组织相比，α′ 马氏体塑性低，而且内部残余应力也降低了成形件的延伸率。可以改变 SLM 过程中热源、成形路径和扫描策略，使 Ti6Al4V 产生多种类型的相变，从而改变其性能。

a) Ti6Al4V的SLM工艺过程　　　b) AlSi10Mg的SLM工艺过程
　　中的柱状微观结构　　　　　　　中的可见熔池

图 4-1　SLM 中微观结构图

铸造成形 AlSi10Mg 中主要是 α-Al 相和 $Al_5SiFe$ 金属间化合物，片层状 $Al_5SiFe$ 相均匀分布在 Al 基体中。而 SLM 成形 AlSi10Mg 中主要是 α-Al 相和网状分布的共晶 Si 相。Al 晶粒沿（200）晶面优先凝固，沿 XY 方向的 Al 亚晶呈等轴状，而沿 YZ 方向上的 Al 亚晶外延生长成粗晶区，共晶 Si 粒子沿着 α-Al 亚晶的边缘析出并聚集成网状结构，316L、18Ni300 马氏体钢和 Inconel 718 等合金也可以观测到类似的微观结构特征，如图 4-2 所示。组织结构的变化可通过改变晶粒的生长条件来实现，在增材制造过程中分别采用点和栅栏的扫描模式，可以改变晶粒的尺寸、形貌和分布，实现局部组织和组织结构的分区域调控。如图 4-3 所示为通过调节工艺参数对控制局部组织和组织结构的测试结果。

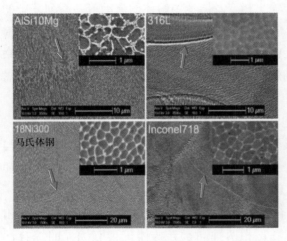

图 4-2 普通 SLM 生产时材料的细胞微观结构侧视图

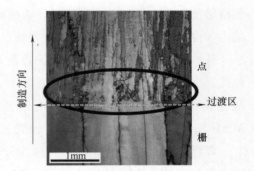

图 4-3 通过调节工艺参数对
局部组织和组织结构的控制图

## 4.1.2 零件的形貌

基于离散堆积成形的增材制造制件，其表面上会显现每一分层之间产生的如台阶一般的阶梯，称之为阶梯效应，这种现象在曲面上显现得更加明显。阶梯效应是由于在增材制造曲面形状的过程中，每一分层有一定厚度，相邻层的形状轮廓存在变化，呈现出来即为表面的阶梯，如图 4-4 所示。

阶梯效应的明显程度与成形方法和成形参数有关，对 FDM 而言，具体与喷头直径、分层厚度及成形角度有关。

激光增材制造的零件，如果激光功率不足，烧结的粉末颗粒熔化不完全，成形件中会存在

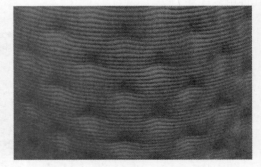

图 4-4 FDM 方法打印的艺术品
表面的"阶梯效应"

大量的间隙；功率过大时，则会因为熔固收缩导致制件翘曲变形。一般来说，SLS 的成形件表面粗糙度较高，因此需要进行后处理来提高制件的表面质量。

EBM 电子束扫描的过程中会产生两种飞溅：第一种飞溅是由热量累积造成的熔池过热沸腾所产生的金属小液滴的飞溅，会使制件层面质量变得很差；第二种飞溅是由于金属粉末没有熔融而被电子束直接冲开，没有参与成形，从而使成形的效率很低，甚至使成形无法进行下去。此外，在电子束熔融过程中也会有球化现象，从而降低零件的表面质量。

需要特别注意的是，Al 和 Al 合金的粉末颗粒在表面具有稳定的 $Al_2O_3$ 层，它会阻碍颗粒烧结或熔融聚集，这对电子束熔融（EBM）具有负面影响。为了避免由电子束引起的负电荷使粉末颗粒排斥，进而导致颗粒从粉末床喷出，粉末床需要预烧结以使粉末颗粒在熔化之前就粘结在一起。材料在与氧反应时会大量放热（如 Mg），如果不在无氧环境下加工，增材制造过程会非常危险。同时含氧量对力学性能也有较大的影响，如 Ti6Al4V 中较高的氧含量增加了强度，但降低了延展性。因此，在增材制造过程中，必须注意尽可能地减少氧气、氮气或水分，因为它们会降低制件的力学性能和粉末的可回收性。如图 4-5 所示为 Ti6Al4V 的 EBM 微观结构。

a) 横截面　　　　　　　　　　　　　　　b) 纵截面

图 4-5　Ti6Al4V 的 EBM 微观结构

SLM 过程中经常发生飞溅、球化、热变形等现象。一些飞溅的颗粒夹杂在熔池中，使成形件表面粗糙，而且一般飞溅颗粒较大；在铺粉过程中，飞溅颗粒直径大于铺粉厚度也会导致铺粉装置与成形表面碰撞而产生损坏。

3DP 成形件的表面质量受粉末材料特性的约束。此外，喷头到粉层的距离也会影响成形件的表面精度，喷射液滴越容易产生溅射，零件的表面越粗糙。

增材制造成形完毕后，其表面需进行细致的处理。主要的物理后处理方法有表面打磨、抛光、去支撑和渗蜡处理。表面打磨和抛光是为了消除阶梯效应，而去支撑处理可以使制件和支撑结构分离，渗蜡处理是为了增加制件的强度。

增材制造制件直接后处理包括了打磨、抛光、去支撑、后固化、延寿、着色等处理工艺，需要按照一定的要求进行。

**（1）顺序要求**　后处理工艺需按一定顺序进行，以防止互相干扰和影响。后处理工艺的先后顺序一般为：去支撑、后固化、打磨、蒸发、抛光、延寿、着色。如果在进行延寿处理后再进行打磨处理，毫无疑问会损坏制件表面的防护层。

（2）**工艺要求** 相同的增材制造工艺，其制件的特点不相同，需要进行的后处理也不同；增材制造材料不同，使用的后处理方法也不同。所以需要根据制件的材料种类和特点，选择需要的后处理工艺和合适的工艺参数。

（3）**精度要求** 总的来说，所有的后处理工艺对制件的精度都有影响。在实际操作中，合理的后处理需要根据制件的精度要求而定，如果选择后处理的方式不合适，会造成制件的精度不符合要求，导致制件需进行额外的处理甚至使其报废。

（4）**保护要求** 对增材制造制件进行后处理时，要防止对制件造成损伤或者使其性能下降。有些处理工艺可能会降低制件的使用寿命，如使用着色剂对金属制件着色，易导致锈蚀。

常见的制件主要后处理有除粉、表面打磨、浸液体材料、表面涂装等。零件去粉完毕若还需要长久保存，就需要增加保护措施，一般会在零件外表面刷一层防水固化胶增加强度，防止因吸水而使强度减弱；或者将零件浸入一些聚合物中，它们能起到保护零件的作用，这些聚合物有环氧树脂、氰基丙烯酸酯、熔融石蜡等。处理后的零件应兼具防水、坚固、美观、不易变形等特点。

有些增材制造方法还需去除支撑，如 FDM 方法的后处理除了打磨，还有去除支撑结构、涂表面保护材料等。

# 4.2 增材制造零件的常见缺陷

## 4.2.1 常见的缺陷类型

（1）**球化现象** 球化现象是导致孔隙度、微裂纹或表面粗糙度值高等物理缺陷现象的原因之一。当液体材料由于表面张力不能润湿下面的基底时，加工条件的不稳定使液体球化，这将导致在加工过程中形成粗糙的珠状扫描轨迹（例如在粉末激光熔合过程中），进而增加制件的表面粗糙度和内部孔隙率。如图 4-6 所示为粉末床的顶面，以指定的激光功率进行 200mm/s 扫描速度的单次垂直激光扫描，可以明显地看到粉末球化现象。同时，由于污染也会降低润湿程度，因此及时清理非常重要，尽量减少加工过程中的氧化膜和污染物。孔隙也是增材制造制件中的常见缺陷。如图 4-7 所示，增材制造构件的孔隙表现为多种形式，图 4-7a 所示为 Ti6Al4V 熔化不充分产生的孔隙，图 4-7b 所示为 AlSi10Mg 制件中的气孔，图 4-7c 所示为在聚合物

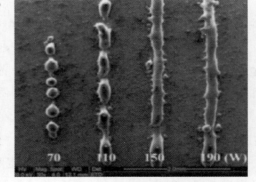

图 4-6　316L 不锈钢 SLM 低
激光功率下的球化现象

弹性体中缺乏熔合和气体蒸发产生的孔隙。通常若在熔融边界处有孔隙，就是由于凝固收缩或热收缩，熔化不充分，或材料进料不足造成的；若是在熔融区域内有球形孔隙，则是由被困气体、熔融区域中的湍流、材料蒸发等所造成的。

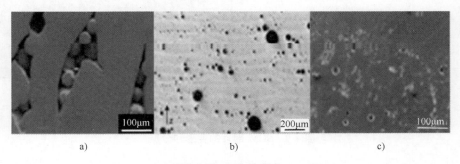

图 4-7　多孔性现象

**（2）裂纹**　由于多种原因，裂纹是增材制造成形工艺中常出现的严重问题。基于激光的增材制造金属工艺（SLS、SLM 等）引入大量的热量，熔池的快速收缩或固体材料中的高温梯度，在增材制造材料中形成的裂纹如图 4-8 所示，图 4-8a 所示为 Hastelloy C276 金属超合金 SLM 工艺中产生的裂纹，图 4-8b 所示为未经预热的 SLS 或 SLM 制成的氧化铝陶瓷件，图 4-8c 所示为乙烷醇氧化物悬浮液渗透氧化铝间接 SLS 工艺产生的裂缝。显然，耐热冲击性较差的材料（陶瓷或脆性金属）更容易产生裂纹。此外，粘结剂材料造成的偏析和干燥收缩也可能引起裂纹。

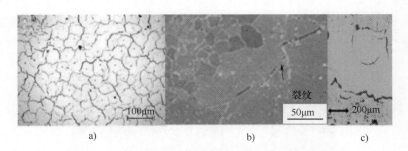

图 4-8　增材制造材料中形成的裂纹

**（3）失真和分层**　扭曲、翘曲、偏转等材料加工缺陷，是由材料体积变化（例如光固化中聚合收缩或 FDM 中挤出的加热塑料细丝的收缩）或部件内较大的热梯度引起的应力所致。在极端情况下，偏转可能会导致分层，这取决于材料特性、加工参数和加工方法。SLM 部件的变形和分层的示例如图 4-9 所示，图 4-9a 所示为钢基 SLM 材料变形的实验和模拟量；图 4-9b 所示为存在惰性气体流动循环（存在较大的热梯度）的情况下，制成的不锈钢 SLM 部件中的分层。

**（4）表面粗糙**　表面粗糙是增材制造制件的另一个问题，是由许多复杂因素造成的。与层厚度和制件的楼梯效应，粗沉积珠（如 FDM 工艺中的粗丝或巧克力打印机中的大型挤

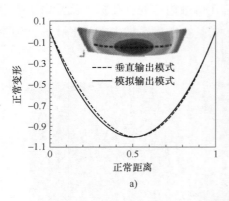

图 4-9　SLM 部件的变形和分层

压巧克力珠），工具精度（如 EBM 工艺中的电场控制精度），表面张力和半熔融粉末（如附着到 SLM 工艺中制件下表面的粉末和支撑材料）等有关。表面粗糙也可能由使用材料的老化引起，例如，SLS 工艺中广泛使用的聚酰胺粉末可能导致表面质量差，表现为桔皮表面。虽然可以使用较小的沉积珠（或粉末）和降低层厚度来改善表面粗糙度，但是这种做法可能降低生产率。复杂增材制造制件的表面粗糙，需要喷砂、机械研磨、激光抛光、化学蚀刻等后处理工艺。

**（5）化学降解和氧化**　在许多增材制造工艺（特别是经受高温的工艺）过程中，必须严格控制大气条件（如氧含量、湿度等）。这是为了防止最小化降解和氧化。除大气条件外，较高的能量输入、工作温度及加工参数也可以增加化学降解和氧化。如图 4-10 所示，一些聚合物在 SLS 中的较高激光能量下导致产品降解和解聚，产生不必要的烟雾，降低了制件的力学性能。

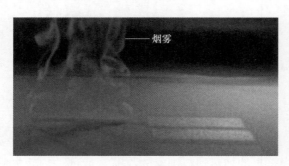

图 4-10　SLS 期间的烟雾

## 4.2.2　不同材料的缺陷类型

**（1）金属零件的常见缺陷**　在利用激光熔融沉积工艺制造大型构件时，高功率激光束长期循环往复运动，其中的主要工艺参数、外部环境、熔池熔体状态的波动和变化、扫描填充轨迹的变换等不连续和不稳定等因素，都可能在零件内部沉积层与沉积层之间、沉积道与沉积道之间、单一沉积层内部等局部区域产生各种特殊的内部缺陷（如层间及道间局部未熔合、气隙、卷入性和析出性气孔、微细陶瓷夹杂物、内部特殊裂纹等），这都最终影响成形零件的内部质量、力学性能和构件的使用安全性。

增材制造技术成形机理的固有特性——瞬态熔凝过程会导致制件内部形成微观缺陷，如裂纹、空洞等，其产生的原因包括工艺参数配置不当、内应力以及熔合不良等。

钛合金本身所特有的优良的塑性性能，使其制件往往很少出现裂纹，但在制件内部大多存在微气孔以及熔合不良等缺陷。成形件内部的气孔形貌呈球形，在成形件内部的分布具有随机性，气孔是否形成取决于粉末材料的松装密度等特性，氧含量对气孔的形成没有影响。熔合不良缺陷形貌一般呈不规则状，主要分布在各熔覆层的层间。

激光快速成形容易产生开裂、裂纹，多发生在树枝状晶体的晶界，呈现出典型的沿晶界开裂的特征。熔覆层中的裂纹是凝固裂纹，属于热裂纹范畴。裂纹产生的主要原因是，熔覆层组织在凝固温度区间晶界处的残余液相，受到熔覆层中的拉应力作用所导致的液膜分离。

此外，激光增材制造的瞬态熔凝过程所产生的极高的温度梯度，极易在制件内部形成封闭的内应力。

**（2）陶瓷零件的常见缺陷**　现阶段，可采用增材制造的陶瓷材料主要包括氧化锆、氧化铝、硼化锆等。由于整个加工过程具有快速加热和快速冷却的特点，在制件中会产生很大的热应力，容易出现热裂纹。并且陶瓷本身具有脆性大、膨胀系数低等特点，所以无论是直接法还是间接法，在成形体积较大的部件时还存在一定的困难。而且在制造小型部件时也容易产生孔洞和表面裂纹。尽管通过预热可以减少热裂纹和内应力，但是过高的预热温度会形成较大的熔池，导致零件表面粗糙度、精度降低。

**（3）塑料零件的常见缺陷**　由于 FDM 工艺在制造制件时，制造过程中从底层到顶层具有一定的温度梯度，不像注塑成形制件靠外界压力压模成形，层与层靠材料冷却后自然结合的分子力粘结在一起，从而导致强度有所下降。而且层与层之间在沉积过程中留有一定孔隙，造成层与层之间粘结力不足，使强度低于注塑成形的制件。

# 4.3　增材制造零件的力学性能

## 4.3.1　增材制造制件残余孔隙率的影响

孔隙的主要影响是降低应力，防止制件发生快速断裂。图 4-11 所示为激光烧结聚酰胺样品的重叠应力-应变曲线，其变化的工程孔隙率范围在 0%～40% 之间。延展性和强度随着孔隙率的降低而增加。对于高孔隙率样品，断裂应力低于屈服强度，应变测量的伸长率也随之降低。随着孔隙率的降低，强度显著增加，接近屈服强度。然而，由于应力-应变曲线的弹性部分的陡坡，断裂应变仍然很低，小于 10%。对于 10%～15% 范围内的残余孔隙率，断裂应力低于屈服强度并低于拉伸强度，导致可测量塑性在 10%～30% 之间。孔隙率低于约 5% 时，零件恢复 50%～60% 的全延展性。孔隙会促使裂纹扩展，从而使力学性能降低，因此制造高密度部件通常是增材制造工艺优化的首要目标。

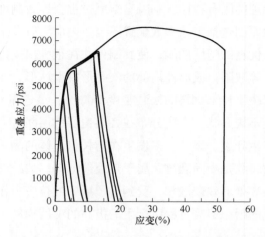

图 4-11　具有不同量的工程化孔隙率的激光烧结聚酰胺的重叠拉伸试验结果

后处理可用于缓解或消除增材制造制件中的缺陷结构，常用方法是热静压法（HIP）。但 HIP 不能完全有效消除所有层间缺陷，例如，氧化物层可能不受 HIP 的影响，但可有效降低孔隙率。

## 4.3.2　静态强度

通常，静态强度取决于零部件的密度以及在制造过程中形成的微观结构。与通过传统路线（例如铸造）制造的部件相比，增材制造成形部件的微观结构更精细，因此，一般来说，增材制造部件的静态强度较好。

增材制造的金属中屈服强度和极限拉伸强度通常等于或大于其铸造、锻造或退火对应的强度，这是由于增材制造加工期间熔池的快速凝固，可形成微细结构特征，如细晶粒或密集间隔的晶枝。

经典的 Hall-Petch 关系描述了材料的屈服强度与平均粒径之间的关系：随着晶粒尺寸的减小或微结构特征的错位运动，材料的屈服强度增加。增材制造制成的金属中的微观结构特征会阻碍错位运动，将会形成比常规加工和退火更高的屈服强度。

通常，增材制造的材料的屈服强度和极限拉伸强度无明显的各向异性。但是，当在凝固期间发生晶粒的外延生长时，细长晶粒可以在构建方向上生长，使微结构呈现出纹理特征，或者表现出较好的晶体取向。例如，Ti6Al4V 可以进行热处理使微观组织均匀化，或者使晶粒再结晶和粗化，但同时也会导致产量和极限拉伸强度的降低，如图 4-12 所示。另外，如果强度受到明显的孔隙或熔合缺陷的影响，HIP 可用于消除和"愈合"样品中的内部孔隙和缺陷，增加延展性。

热处理通常会降低强度，增加延展性。在增材制造加工过程中，聚合物材料的强度可能会受到结构缺陷、层间粘结以及分子结合不足等影响，因此平行于连续激光路径或细丝沉积路径的部分具有较高强度，而垂直于连续激光路径或细丝沉积路径的部分强度较低。

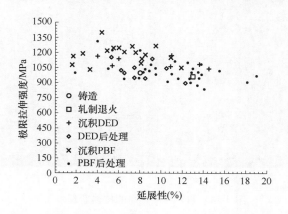

图 4-12　Ti6Al4V 各工艺中极限拉伸强度与延展性实验数据

### 4.3.3　刚度

材料的弹性模量或刚度随孔隙率的减小而减小。实验研究表明在增材制造中，陶瓷材料能够制造几乎没有空隙或裂纹的制件。

此外，对铸钢的研究清楚描述了弹性模量与孔的形状和尺寸之间的关系，铸钢的弹性模量公式为：

$$\frac{E}{E_0} = \left(1 - \frac{p}{p_0}\right)^n \qquad (4.1)$$

式中，$n$ 为经验指数，$p_0$ 表示在代表性体积元素中允许存在均匀孔隙率的最大值，同时也是产生零刚度的截断值。$n$ 和 $p_0$ 都取决于微结构孔的尺寸和形状。如图 4-13 所示，多孔材料的弹性模量与孔体积分数呈线性关系。

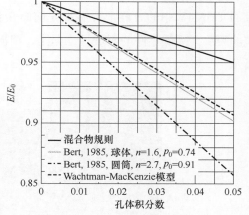

图 4-13　多孔材料的弹性模量

### 4.3.4　拉伸性能

增材制造零件的微观结构在制造方向（构建方向与正交于构建方向）是各向异性的，并且通常显示出或多或少明显的纹理。因此，其拉伸性能（UTS 和 EL）也是各向异性的。

**（1）增材制造的金属结构的拉伸性能**　增材制造制件的延展性在很大程度上受到内部缺陷的限制，如孔隙率或金属融合缺陷。如图 4-14 所示是由 PBF 制成并在纵向和横向（构建）方向上进行测试的 Ti6Al4V 样品的拉伸断裂表面，其暴露的缺陷是因聚合物中的层间粘结不足以及烧结过程中形成的裂纹造成的。

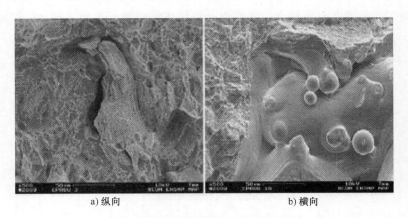

a) 纵向　　　　　　　　　　　b) 横向

图 4-14　Ti6Al4V 样品的拉伸断裂表面

沉积零件的内部缺陷和表面粗糙度造成了不连续的表面，这使得零件容易产生应力集中。应力集中降低了材料可承受的最大外应力。在金属材料的加工过程中，熔合不足容易形成长的尖锐孔，这些孔导致局部应力集中。此外，快速凝固而形成的微细结构特征会提升制件强度，但是由于错位运动受限使得制件延展性降低。

增材制造中细长的各向异性晶粒，会影响垂直于构建方向的延展性。例如，由 LDED 制成的 Ti6Al4V 中的 α 相晶界叠加先前的 β 相晶界，将会使制件在纵向施加张力时形成分离晶粒的裂纹，降低零件的延展性，但是，横向方向的张力不受晶界相位的负面影响，如图 4-15 所示。

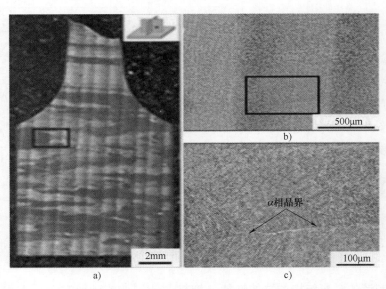

图 4-15　由 LDED 制造的 Ti6Al4V 的光学图像

在聚合材料中,层与层之间的分子结合不充分和层间孔隙会造成制件负载区间的分层。在烧结金属的工艺中,通常可以用孔隙率来描述断裂伸长率,如图 4-16 所示。

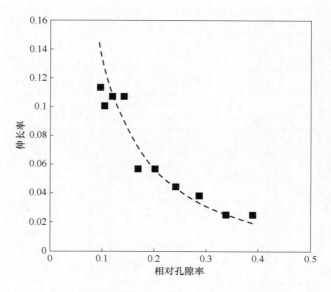

图 4-16　激光烧结聚酰胺 12 的伸长率与相对孔隙率

大部分可用钢种的拉伸性能符合增材制造技术应用的标准。表 4-1 列出了几种金属材料的拉伸性能。

表 4-1　几种金属材料的拉伸性能

| 金属材料 | 工艺 | 条件 | 微观结构 | 屈服强度 YS/MPa | 极限抗拉强度 UTS/MPa | 断裂伸长率 EL（%） |
|---|---|---|---|---|---|---|
| 316L 不锈钢 | 锻造 | AN | A | 170 | 485 | 40 |
| | LBM | AF | A | 590±17 | 705±15 | 44±7 |
| | | AN（1095℃/1h/真空 & ArC） | A | 375±11 | 635±17 | 51±3 |
| | | AF | A | 462[1] | 565[1] | 53.7[1] |
| 316L 不锈钢 | LBM | AF | / | 444±27[1] | 567±19[1] | 8±2.9[1] |
| | | | | 528±4[2] | 659±3[2] | 16.6±0.4[2] |
| | LMD | AF | 91% A，9% F | 410±5[1] | 640±20[1] | 36±4[1] |
| | | HT（1150℃/2h/AC） | 100% A | 340±15[1] | 610±5[1] | 42.5±0.5[1] |
| 304L 不锈钢 | 锻造 | AN | A | 170 | 485 | 40 |
| | LBM | AF | A | 182[2] | 393[2] | 25.9[2] |
| | | AF | / | 568±2[2] | 715.5±1.5[2] | 41.7±1.1[2] |
| | | | | 450[1] | 550[1] | 57[1] |

（续）

| 金属材料 | 工艺 | 条件 | 微观结构 | 屈服强度 YS/MPa | 极限抗拉强度 UTS/MPa | 断裂伸长率 EL（%） |
|---|---|---|---|---|---|---|
| 17-4PH 沉淀硬化不锈钢 | 锻造 | ST & PA | 100% M | 1170 | 1310 | 10 |
| | | SR（600℃/2h） | 28% M, 72% A | 600[2] | 1300[2] | 28[2] |
| | | AF | 64% M, 36% A | 661±24[2] | 1255±3[2] | 16.2±2.5[2] |
| | LBM | PA（482℃/1h/AC） | 59.5% M, 40.5% A | 945±12[2] | 1417±6[2] | 15.5±1.3[2] |
| | | OA（621℃/4h/AC） | 94.4% M, 5.6% A | 1005±15[2] | 1319±2[2] | 11.1±0.4[2] |
| | | ST & AC | 100% M | 939±9[2] | 1188±6[2] | 9±1.5[2] |
| | | ST & PA | 96.7% M, 3.3% A | 1352±18[2] | 1444±2[2] | 4.6±0.4[2] |
| | | AF | 100% M | 1190[1] | 1370[1] | 8.3[1] |
| 18Ni-300 马氏体时效钢 | LBM | AF | 94.2% M, 5.8 A | 1214±99 | 1290±114 | 13.3±1.9 |
| | | AG（480℃/5h） | 90.6% M, 9.4% A | 1998±32 | 2217±73 | 1.6±0.26 |
| H13 高速钢 | LMD | AF | M, A | 1505[1] | 1820[1] | 6[1] |

注：AF——制造时；AN——退火；HT——热处理；AC——空气冷却；ArC——在氩气氛中冷却；SR——释放应力；ST——溶液处理；AG——老化硬化；PA——光致老化；OA——老化；M——马氏体；A——奥氏体；F——铁素体。

[1] 在构建方向。

[2] 在正交于构建方向。

**（2）增材制造的铝合金的拉伸性能**　铝合金的拉伸性能与屈服性能类似。由增材制造方法产生的细晶粒结构有益于增加制件强度。表 4-2 列出了几种铝合金的拉伸性能。

表 4-2　几种铝合金的拉伸性能

| 铝合金 | 工艺 | 条件 | 微观结构 | 屈服强度 YS/MPa | 极限抗拉强度 UTS/MPa | 断裂伸长率 EL（%） |
|---|---|---|---|---|---|---|
| AlSi12 | 铸造 | AF | 共晶 | 130 | 240 | 1 |
| | LBM | AF | 晶胞 a-Al、Si 在边界处 | 260[1] | 380[1] | 3[1] |
| | | HT（450℃/6h） | 具有较大 Si 附聚物的粗晶胞 a-Al | 95[1] | 145[1] | 13[1] |
| AlSi10Mg | 铸造 | AF | — | 140 | 240 | 1 |
| | LBM | AF | 晶胞-树突晶胞 | 230±5[1] | 328±4[1] | 6.2±0.4[1] |
| | | | | 240±8[2] | 330±4[2] | 4.1±0.3[2] |
| | | HT（530℃/5h/FC） | — | 72±7 | 113±3 | 12.6±0.9 |
| | | T4 | | 131±9 | 227±4 | 6.9±0.8 |
| | | T6 | | 245±8 | 278±2 | 3.6±0.8 |
| | | AF | | 275 | 340 | 8 |
| | | AF | 树枝状晶体 Si | — | 396±8[1] | 3.47±0.6[1] |
| | | | | — | 391±6[2] | 5.55±0.4[2] |

（续）

| 铝合金 | 工艺 | 条件 | 微观结构 | 屈服强度 YS/MPa | 极限抗拉强度 UTS/MPa | 断裂伸长率 EL（%） |
|---|---|---|---|---|---|---|
| AlSi10Mg | LBM | AF | — | 250[1] | 340[1] | 1.3[1] |
|  |  |  |  | 230[2] | 315[2] | 1.05[2] |
|  |  | AF | 树突状晶体 | — | 360[1] |  |
|  |  |  |  |  | 420[2] |  |
| AlMg1SiCu | LBM | HIP，T6 | 小的，分散的 Mg2Si 沉淀物（无裂缝） | — | 42[1] |  |
|  |  |  |  |  | 230.3[2] |  |
| AA 2139 （AlCu，Mg） | EBF[3] | T6 | Al2Cu 的 U 型沉淀物 | 321±26[2] | 430±8[2] |  |
| AlMg4.4 Sc0.66MnZr | LBM | AA（325℃/4h） | 细晶粒 Al3Sc 和 Al（ZrxScy）沉淀 | 520[1] | 530[1] | 16[1] |
|  |  |  |  | 500[2] | 515[2] | 14[2] |

注：AF——制造时；HT——热处理；FC——炉冷；AA——人工老化；T6——人工时效；T4——自然时效。

[1] 在构建方向。

[2] 在正交于构建方向。

[3] EBF¼电子束自由形状制造。

## 4.3.5　疲劳强度

熔融物在增材制造中的快速凝固造成残余应力累积，这主要是由熔池固化收缩以及在冷却期间额外的热收缩引起。两者都会造成增材制造制件中的残余应力显著增加。除了导致部件翘曲之外，这些残余应力也可以导致部件的裂纹形成和生长。

与静态力学性能相同，金属材料的疲劳强度主要取决于其微观结构。但是，表面粗糙度和材料缺陷等加工工艺的固有特性会极大影响增材制造制件的疲劳性能。分层制造工艺通常造成表面粗糙度增加，机械表面处理（例如抛光）可以改善疲劳性能；但是由于材料缺陷，疲劳性能的评估相当困难，比如孔隙率和层粘结不足会导致实验数据的离散点增加，难以比较。通过热等静压处理这些缺陷，使材料致密化，可以改善疲劳性能从而获得与铸造和锻造材料相当的性能。

## 4.3.6　冲击韧性

目前，国内外对于增材制造制件的冲击韧性研究取得了一定的进展，研究表明，冲击韧性受材料特性的影响，不同材料的增材制造制件表现出不同的冲击韧性，比如 AlSi10Mg 中的冲击韧性是各向同性的，纵向和横向的均值为 $0.04J/mm^2$，这是因为该材料中具有相对等轴晶粒的特征。然而，Al6061 中的冲击能量是各向异性的，水平方向的冲击能量为 $0.015J/mm^2$（沿着构造方向断裂），垂直方向上为 $0.07J/mm^2$（沿层方向断裂）。由于工艺过程中柱状晶粒沿着构建方向生长，因此制件易沿着构建方向产生裂纹路径，导致在该方向冲击韧性显著降低。如图 4-17 所示，来自两个方向的 AlSi10Mg 中类似的断裂面证实了断裂机制或路径没有变化，而 Al6061 的断裂面在两个方向之间显示出明显的差异。由 PBF 工艺制成的铝合金样品的断裂表面，显示 AlSi10Mg 中缺乏方向依赖性断裂表面，而 Al6061 中的断裂表面形成强烈的方向依赖性。

图 4-17　由 PBF 工艺制成的铝合金样品的断裂表面

## 4.3.7　提高零件强度的后处理方法

**（1）物理气相沉积**　物理气相沉积（Physical Vapour Deposition，PVD）是依靠物理方法，利用真空蒸发、气相反应在工件表面沉积成膜的过程，是一种环保型的、有别于传统成膜方法的现代表面处理技术。

PVD 又分为真空蒸镀、溅射镀和离子镀。其中溅射镀和离子镀可以获得附着性能好、致密度优异的沉积膜，而真空蒸镀的致密度和附着性能较差。但是，溅射镀和离子镀工艺本身对沉积膜纯净性容易产生不良的影响，因此，溅射镀和离子镀方法不适于纯净性要求极高的膜层的制备。而真空蒸镀可以在气压很低的高真空中进行，可得到纯净性极高的蒸镀膜层。

**（2）电镀技术**　电镀是指将工件置于含有被沉积的金属离子的电解液中，通过外加的直流电，使工件表面覆盖上一层薄的金属镀层，从而达到防蚀、装饰、导电、耐磨或导磁、易焊等目的的方法。电镀是用电解方法沉积所需镀层的一种电化学过程，也是一种氧化还原过程。

电镀的适用范围很广，一般不受工件大小和批量的限制，镀层厚度一般在 0.001 ~ 1mm。

镀层一般分为防护性镀层、功能性镀层和装饰性镀层。防护性镀层用来防止金属零件的腐蚀，如镀镉、锌、锡等；功能性镀层一般都有特殊的物理性能要求，如抗高温镀层和耐磨性镀层；装饰性镀层主要是通过电镀使金属制品表面转化为金属的合金或化合物来改变颜色。

**（3）化学热处理**　化学热处理是在一定的温度下，在不同的活性介质中，向金属的表面渗入适当的元素，同时向金属内部扩散以获得预期的组织和性能为目的的热处理过程，如渗碳、渗氮、碳氮共渗、渗硼、渗硫、渗铬、渗铝等。

**（4）加热固化**　加热固化通过加热，使增材制造制件分子间进一步固化，结构进一步稳定，从而增加制件强度。该方法多用于 SLA 制件。

**（5）延寿处理**　延寿处理技术可以分成三大类：一类是以消除应力为主的工艺方法，一类是以表面修形为主的方法，还有一类是表面涂层等改性技术。增材制造工艺中，表面改性技术是主要的延寿方法。增材制造制件的延寿处理主要是对高分子材料、金属材料、陶瓷材料及其复合材料制成的增材制造制件进行处理。接下来将分别说明增材制造制件的延寿处理方法。

1）高分子材料。高分子材料的增材制造制件的延寿处理通常采用化学处理中的渗树脂、渗蜡等技术，极少使用 PVD 中的真空蒸镀处理。

2）金属及合金。金属材料及合金材料的增材制造制件表面要求较多，使用较多的延寿处理方法是电镀技术，同时 PVD 和化学热处理也可用于金属制件的延寿处理。

3）陶瓷。以陶瓷为材料的增材制造制件，通常使用 PVD 进行延寿处理。

4）复合材料。复合材料制成的增材制造制件，按其具体成分，使用的处理工艺有所不同，大部分通过 PVD、电镀进行延寿处理，但也可使用化学热处理方法。

# 4.4　增材制造零件的功能特性

## 4.4.1　光学特性

增材制造制件在光学性质上的优势主要体现在透明度上，其中喷射成形工艺可采用具有透明性的还原聚合材料。快速冷冻成形工艺可以在冰中生产透明部件。LDED 工艺可通过使用灯丝侧馈机构，用激光光源制造透明石英零件。而其他增材制造工艺，如 3DP、激光烧结和熔融沉积制造，存在由于内部进行的表面反射而阻碍透明度的问题。

东京大学率先探索使用折射率匹配渗透剂来生产透明激光烧结部件，将聚甲基丙烯酸甲酯（PMMA）粉末与麦芽糖糊精粘结剂混合，然后用热固化丙烯酸渗透制备透明增材制造零件，如图 4-18 所示，图 4-18a 所示为折射率 $n = 1.588$ 的聚苯乙烯激光烧结成形件；图 4-18b

所示为渗透后的折射率 $n = 1.582$ 的匹配紫外线固化环氧树脂成形件,可以看出经过渗透处理后的成形件的透明度显著提高。

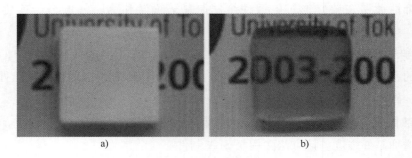

a)　　　　　　　　　b)

图 4-18　透明度的比对

使用还原聚合物制成的光学半透明部件已经用于生物医学领域,生产用于骨内生长的 3D 生物降解支架和用于颅骨成形手术的生物模型。

## 4.4.2 电学特性

制造工艺会影响材料的最终微观结构进而影响材料的电学特性。微观结构对电学性能的影响与导电物质(通常为电子)的迁移率有关。对于增材制造聚合物,其电学性能通常是指保持原材料电绝缘特性以及使用添加剂来增加材料电导率。

通常可通过添加导电介质(如碳)来实现增材制造聚合物电导率的改进。比如向聚酰胺 12 中加入 4% 纳米尺寸的碳黑将电导率从 $4 \times 10^{-10} \mathrm{S/cm}$ 增加到 $10^{-4} \mathrm{S/cm}$。当在聚酰胺 11 中混合 5% 多层碳纳米管时,与聚酰胺 12 类似,由于改变聚合物内碳纳米管的混合和分布,其导电性从 $10^{-11} \mathrm{S/cm}$ 提高到 $10^{-4} \mathrm{S/cm}$。

增材制造已应用于电火花加工(EDM)的金属和塑料电极。激光选区熔化用于生产具有 25% 孔隙率和 $1.938 \mathrm{S/cm}$ 电导率的 TiB2-CuNi 复合材料。激光选区熔化工艺将 63Mo-37(90Cu-10Ni)预混粉末用于生产 EDM 电极,实验结果表明,Mo 复合材料可节省相当于实心铜电极材料的一半用量。

## 思考题

1. 增材制造零件的微观结构有哪些特点?

2. 什么叫残余孔隙率?造成残余孔隙率的原因是什么?对制造零件有什么影响?

3. 增材制造零件的静态强度和刚度有什么特点?什么是各向异性?产生各向异性的原因是什么?

4. 增材制造零件的伸长率该怎样描述?

5. 提高零件性能的后处理方法有哪些?分别提升了零件的哪些性能?

6. 增材制造零件常见的缺陷有哪些?造成这些缺陷的原因是什么?如何改善?

7. 增材制造零件提高疲劳性能的方法有哪些?

# 参 考 文 献

［1］郝延平. 纤维缠绕复合气瓶的研究［D］. 沈阳：东北大学，2010.

［2］黄丹. 缠绕成型玻璃钢管的制备及冲击韧性研究［D］. 哈尔滨：哈尔滨工业大学，2012.

［3］李瑶. 火箭发动机纤维缠绕复合材料壳体结构设计与分析［D］. 南京：南京理工大学，2017.

［4］梁瑜洋. 大型龙门式纤维缠绕/铺放成型机虚拟样机研制［D］. 西安：西安工程大学，2015.

［5］刘长志. 纤维缠绕成型中树脂流动/纤维密实行为研究［D］. 大连：大连理工大学，2016.

［6］罗珊. 纤维缠绕弯管线型及装备的研究［D］. 武汉：武汉理工大学，2011.

［7］马岩. 热塑性复合材料纤维铺放成型加热和冷却工艺技术研究［D］. 哈尔滨：哈尔滨工业大学，2012.

［8］乔明. 热固型树脂基纤维缠绕复合材料原位成型工艺仿真研究［D］. 哈尔滨：哈尔滨理工大学，2016.

［9］邵忠喜. 纤维铺放装置及其铺放关键技术研究［D］. 哈尔滨：哈尔滨工业大学，2010.

［10］王吉彬. 罐形容器纤维缠绕机设计及仿真研究［D］. 哈尔滨：哈尔滨理工大学，2014.

［11］杨红红. 回转体缠绕线型设计及轨迹规划研究［D］. 哈尔滨：哈尔滨理工大学，2015.

［12］张开. 玻璃纤维缠绕件芯模的优化研究［D］. 太原：中北大学，2017.

［13］张瑞雪. 骨骼生物支架的 3D 打印和纤维缠绕成型及性能分析［D］. 哈尔滨：哈尔滨工业大学，2016.

［14］郑淑荣. 中国 3D 打印产业的制约因素和应对策略［J］. 上海信息化，2013，9：46-9.

［15］周吉. 纤维铺放机器人及其关键技术研究［D］. 武汉：武汉理工大学，2012.

［16］杜志忠，陆军华. 3D 打印技术［M］. 杭州：浙江大学出版社，2015.

［17］王云赣，王宣编. 3D 打印技术［M］. 武汉：华中科技大学出版社，2014.

［18］付丽敏. 走进 3D 打印世界［M］. 北京：清华大学出版社，2016.

［19］李博. 3D 打印技术［M］. 北京：中国轻工业出版社，2017.

［20］周伟民，闵国全. 3D 打印技术［M］. 北京：科学出版社，2016.

［21］陈森昌. 3D 打印的后处理及应用［M］. 武汉：华中科技大学出版社，2017.

［22］ZHANG T, HUANG Z, YANG T, et al. In situ design of advanced titanium alloy with concentration modulations by additive manufacturing［J］. Science, 2021, 374：478-482.

［23］ZHANG D, QIU D, GIBSON M A, et al. Additive manufacturing of ultrafine-grained high-strength titanium alloys［J］. Nature, 2019, 576：91-95.

［24］TAN Q, ZHANG J, SUN Q, et al. Inoculation treatment of an additively manufactured 2024 aluminium alloy with titanium nanoparticles［J］. Acta Materialia, 2021, 196：1-16.

［25］ZHANG J, YUAN W, SONG B, et al. Towards understanding metallurgical defect formation of selective laser melted wrought aluminum alloys［J］. Advanced Powder Materials, 2022, 1：100035.

［26］ZHU Z, NG F L, SEET H L, et al. Superior mechanical properties of a selective-laser-melted AlZnMgCuScZr alloy enabled by a tunable hierarchical microstructure and dual-nanoprecipitation［J］. Materials Today, 2022, 52：90-101.

［27］ABIOYE T E, FARAYIBI P K, MCCARTNEY D G, et al. Effect of carbide dissolution on the corrosion performance of tungsten carbide reinforced Inconel 625 wire laser coating［J］. Journal of Materials Processing Technology, 2016, 231：89-99.

［28］BOURELL D, KRUTH J P, LEU M, et al. Materials for additive manufacturing［J］. CIRP Annals, 2017,

66 (2): 659-681.

[29] BAJAJ P, HARIHARAN A, KINI A, et al. Steels in additive manufacturing: A review of their microstructure and properties [J]. Materials Science & Engineering A, 2020, 772: 138633.

[30] JIN W, ZHANG C, JIN S, et al. Wire arc additive manufacturing of stainless steels: A review [J]. Applied Sciences, 2020, 10 (5): 1563.

[31] RODRIGUES T A, DUARTE V, TOMÁS D, et al. In-situ strengthening of a high strength low alloy steel during wire and arc additive manufacturing (WAAM) [J]. Additive Manufacturing, 2020, 34: 101200.

[32] OLIVEIRA J P, LALONDE A D, MA J. Processing parameters in laser powder bed fusion metal additive manufacturing [J]. Materials & Design, 2020, 193: 108762.

[33] TAN C, WENG F, SUI S, et al. Progress and perspectives in laser additive manufacturing of key aeroengine materials [J]. International Journal of Machine Tools and Manufacture, 2021, 170: 103804.

[34] ABE F, OSAKADA K, SHIOMI M. The manufacturing of hard tools from metallic powders by selective laser melting [J]. Journal of Materials Processing Tech, 2001, 111 (1): 210-3.

[35] ABIOYE T E, FARAYIBI P K, KINNEL P, et al. Functionally graded Ni-Ti microstructures synthesised in process by direct laser metal deposition [J]. The International Journal of Advanced Manufacturing Technology, 2015, 79 (5): 843-50.

[36] ABIOYE T E, FOLKES J, CLARE A T, et al. Concurrent Inconel 625 wire and WC powder laser cladding: process stability and microstructural characterisation [J]. Surface Engineering, 2013, 29 (9): 647-653.

[37] DJAMILA O, SALVADOR B, GUILLERMO R. Application-driven methodology for new additive manufacturing materials development [J]. Rapid Prototyping Journal, 2014, 20 (1): 50-58.

[38] LIU H, YAN Y, WANG X, et al. Construct hepatic analog by cell-matrix controlled assembly technology [J]. 科学通报（英文版）, 2006, 51 (15): 1830-1835.

[39] HALL E O. The Deformation and Ageing of Mild Steel: III Discussion of Results [J]. Proceedings of the Physical Society Section B, 1951, 64 (9): 747.

[40] HUANG X, YE C, WU S, et al. Sloping wall structure support generation for fused deposition modeling [J]. International Journal of Advanced Manufacturing Technology, 2009, 42 (11-12): 1074-1081.

[41] VILARO T, COLIN C, BARTOUT J D. As-fabricated and heat-treated microstructures of the Ti-6Al-4V alloy processed by selective laser melting [J]. Metallurgical and Materials Transactions A, 2011, 42 (10): 3190-3199.

# 第 5 章

## 增材制造的主要研究方向

增材制造的主要研究方向包括几何设计、材料设计、计算工具的研发、制造工艺四大方面。根据增材制造的流程来看，每个环节都可以作为研究的对象。根据国内外最新的研究课题分类，本章将依次对增材制造的几个主要研究方向进行简要介绍。

# 5.1 几何设计

## 5.1.1 3D 模型的多重表示

3D 模型的表示方法一直是增材制造的重要研究方向之一，由于现阶段的表示方法存在失真的缺陷，研究更为准确及结构简单的表示模型一直是近年来的热门研究方向。下面就目前最新的研究成果进行简要介绍。

当前，市面上的 CAD/CAM 系统大多是基于使用边界表示（B-rep）的实体建模内核开发的。对于基于 B-rep 实体建模的增材制造技术，一个突出挑战是数值稳定性的问题，具体来说，就是如何以可靠的方式使用近似算法来计算模型（或模型和切片平面）之间的交集。目前，主流增材制造产品采用 STL 文件格式来表示模型。模型的 STL 文件存储一组由三角形表示模型边界的致密的三角形网格。这种方式可能在计算过程中产生数值误差。

近年来，使用体积表示近似实体建模的各种方法已经问世。实体模型的最基本的体积表示法是基于体素表示。体素表示可以直接从计算机体层成像（CT）或磁共振成像（MRI）的体积图像中获得，因此在医疗领域这种方法有十分广泛的应用。但是，基于体素表示仍有缺陷，一个主要问题是其巨大的存储消耗，因此一些研究方法只能够在本地计算中进行。

现阶段较好的替代方法是使用具有更好记忆效率的 ray-rep 参与体素表示。ray-rep 中的实体模型由指定方向上的一组平行固体表示，它仅允许存储进出点，因此可以有效节省记忆空间。基于分层深度正常图像的实体建模如图 5-1 所示，用 ray-rep 的变体来表示增材制造模型，称为分层深度正常图像（LDNI），具有复杂结构的模型可以通过基于 LDNI 的实体建模内核进行有效处理，在高并行图形处理单元（GPU）上进行计算。这种表示方法能运用于高并行计算机，并且能以离散的方式支持多种材料。此外，LDNI 可以紧凑存储，因此可以

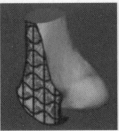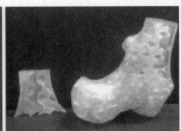

图 5-1　基于分层深度正常图像的实体建模

在消费级 GPU 上处理具有复杂结构的模型。还有其他方法也可以实现连续异构对象的表示。但是，其自适应采样策略需要克服由大曲率区域的大形状近似误差引起的混叠问题。

增材制造输入的 3D 模型通常是由多边形网格表示，如 STL 和 OBJ 文件格式。这些多边形模型致密且多样。但是，三角形表面会有三角形退化、自相交、间隙和裂纹等问题。由于增材制造中的叠层制造过程，自相交和裂纹通常会使切片算法不稳定甚至无法制造。使用 CAD 软件的用户在早期设计阶段难以预防和解决上述问题，因此，在增材制造之前将几何正则化过程应用于 3D 多边形模型就变得至关重要。有研究工作组提出了一种采用分层深度正常图像（LDNI）表示的几何正则化方法。基于 LDNI 表示，3D 模型可以稳定有效地进行修复。

## 5.1.2　增材制造的几何加工

增材制造的几何加工包括中空、增厚、切片和支撑生成。

**（1）中空和增厚**　为了节省制造时间和减少存储消耗，3D 模型在切片前通常是空心的。最新研究表明使用深度元素（dexels）作为中空表示法，可以提高偏移计算的效率和稳定性。为进一步提高计算的稳定性，可以采用基于 LDNI 的表示法，用带符号距离和紧支径向基函数（CSRBFs）来计算无交叉偏移。由于增材制造制件内部空心，在某些部分可能导致强度不足，因此还需要增厚操作，将开放式表面模型转换为具有用户指定厚度的壳模型。

**（2）切片**　给定一个准备增材制造的模型，一个重要的预处理是将模型转换成用于指导增材制造设备运行的数据。常用的方法是将模型分成一组平行的平面形状，这个过程称为分层切片。在这个过程中计算机用相应的方法制定复杂的自适应切片策略，根据曲率变化生成不同厚度的层。但是这一过程可能导致由自相交轮廓引起的内外区域错误分类。为解决上述问题，最新研究提出了一种在图像空间中使用可靠轮廓的方法来制造具有复杂结构的对象。

**（3）支撑生成**　支撑结构通常在打印过程中产生，以支撑凸出部分和大的平坦壁，保持部件的稳定性，并防止过度收缩。不同的增材制造工艺过程以不同的方式产生支撑。在 FDM 工艺中，主要通过计算相邻层之间的面积差异来产生支撑。SLA 工艺通过识别凸出区域并将锚点与杆连接来添加支撑结构。FDM 和 SLA 工艺在图像空间中生成支撑的方法如图 5-2 所示。基于 GPU 的执行操作也与 LDNI 表示法同时进行开发。部分专家提出了一种形状和拓扑优化方法，可以生成更少的支撑结构，同时成功地支撑悬垂形状。

## 5.1.3　验证、修复和增强

由于现有的建模、切片方法极易产生缺陷，市面上较好的商用增材制造设备都配备有专门的修复模块。针对在转换过程中的失真及缺陷，如何验证、修复和增强模型已经成为了一大研究方向。

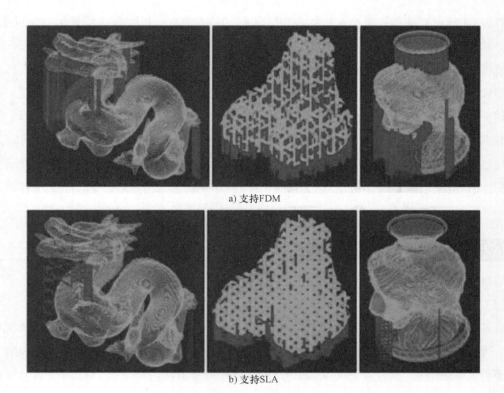

a) 支持FDM

b) 支持SLA

图 5-2 图像空间中的支撑生成

### 5.1.4 增材制造的高性能计算

复杂几何体的增材制造对计算机的处理能力提出了非常高的要求。在复杂几何体的构建过程中，为了减小误差，需要的多边形数量往往十分庞大，为了处理这些数量庞大的多边形，以及能够在复杂结构中合理切片，计算机必须具备强大的计算处理能力，这将直接关系到制造能否进行。对于当前的计算机人才来说，这也是一个十分具有挑战性的方向。

提升复杂几何形状的建模效率的研究工作已经大量进行。目前已引入了高性能计算技术（High Performance Computing，HPC），包括 PC 集群、多核 CPU 和 GPU 并行，以加速实体建模、切片和支撑件生成。

在当前的研究中，PC 集群，多核 CPU，高并行 GPU 集成加速，基于 GPU 的硬件加速以及在基于体素表示、三角形网格表示和 GPU 的多个核心偏移等方面都具有十分广阔的研究前景。

### 5.1.5 特效优化

还有一些研究是专门用于通过输入模型的几何优化来产生制造产品的特殊效果。例如，为了制造大型模型，在系统中引入了一种分割方法，将 3D 模型分解成可增材制造部分，然后组装得到最终结构。一些作品着重于创建具有特定动态属性的模型。如有些研究者提出了一种用初始输入变形来生成可以独立存在的模型的方法。

## 5.2　材　料　设　计

增材制造技术的发展为材料方向的研究提供了一个更为广阔的平台。在这一领域材料的种类得到极大的扩充，从传统的工业用料到建筑、医学领域材料再到生活中的各种食品用品，不同领域的不同材料能够得到充分地挖掘。

在材料的性能方面，增材制造能够结合制造目标的几何形状、层次和尺寸大小对不同特征进行协同分析，这种功能需要与计算建模、纳米和微观力学以及最先进的原位显微镜机械实验相结合。这种组合计算、原型以及实验方法可以为许多机械制造理论证明打下基础。材料的性能最终影响着产品的各项性能，而且这种影响是具有决定性的。因此，对于增材技术领域来说，研究材料、设计材料是一个重要的研究方向。

### 5.2.1　具有受控结构的合成异质材料

通过层与层建立物理模型，不同的增材制造工艺可以用低成本构建复杂的几何体，这对于复杂结构设计来说将是个巨大的机会。其涉及的领域十分广泛，包括生物工程、航空航天和汽车等。性能设计对应单个元件的几何构造，例如支柱和梁的对应关系。因此，若是材料可以受人为控制得到不同的结构，那么就可以直接实现理想的构建所需的功能。这将省去一些繁琐的结构设计过程，对于拓展材料性能，实现结构件新功能具有突破性的意义。但是，依据给定的设计要求，设计具有优化性能的、复杂结构的材料和制件仍有很大的挑战性。当前，增材制造过程的结构设计方法通常可分为自下而上或自上而下。

**1. 自下而上的方法——使用设计的单位结构**

单一桁架是一种简单类型的结构，它在每个方向上都有均匀重复的单位元件（微结构）。使用周期性三角函数来模拟晶格结构。对于均匀的桁架延伸，可以通过改变在给定模型的单个单元中的微结构的形状、尺寸和连接方式，来比较容易地产生异质结构（例如，使用体素集作为细胞支架）。然后，可以在每个单位单元格中填充来自单位单元结构库的设计几何要素来完成最终设计。分子测试公司在 20 世纪 90 年代使用增材制造方法开创了周期性纤维素结构的制造。

**2. 自上而下的方法——基于拓扑优化**

拓扑优化是一种结构优化，它首先确定结构体的整体形状、形状元素的布置以及设计领域的连接方式。增材制造工艺拥有的复杂形状制造能力为拓扑优化提供了大量的产品设计试验平台。拓扑优化结构运算包含两大类：离散化和连续体结构的拓扑优化。其中，为桁架拓扑设计开发的分立结构优化方法属于地面结构方法，而数值计算理论以及基于地面结构方法的线性或非线性规划技术主要是建立在最小化柔度或最大化刚度的基础上。

现阶段，研究人员已经开发了基于连续体的材料优化方法，如利用均质化固体各向同性材料（SIMP）来设计各种要求的结构。在这个过程中，密度图表示具有密度和刚度的虚拟模型，它在无刚度与固体材料的刚度之间变化。但是，密度图是不可制造的，因此需要额外的步骤来将密度图转换成增材制造工艺可以采用的结构。除了刚性结构之外，拓扑优化方法也已被用于其他结构设计的领域。但是，设计需求的不恰当解释和计算繁琐等问题仍有待解决。

## 5.2.2　组合材料的设计

几何建模用于处理在三维空间中表示对象，材料建模则用于给出对象内部每个部分的材料信息。当前的研究致力于用以下方法直接计算结构件中的材料分布。

### 1. 多种材料建模与编辑

材料异质性（如多材料、功能梯度材料，甚至不规则材料）分布可以表示为材料集或材料空间。根据模型的数据表示以及材料的分布方法将异构对象的表示分为三个类别：①评估模型；②未评估模型；③复合模型。其中，评估模型通过密集的空间细分呈现异构物体，例如体素模型和体积网格模型。其中体素模型适用于通过 CT 或 MRI 扫描收集的医学数据。体积网格模型则使用多面体的集合来表示 3D 模型。未评估模型需要使用严格的数学表达式，如分析功能表征，它是基于单一特征的模型和多种特征的模型综合表示异质材料分布的，因此这种方法在数学上十分常见。

### 2. 定制功能设计

当前的工业设计通常将单一制成的并满足预定功能的部件作为设计依据，增材制造的出现提供了异构和多功能设计的新颖方式。许多增材制造的设计实例在物质生态学的特殊问题上得到运用。有研究人员通过引入了一种计算方法来协调功能与灵活性；还有研究人员开发了一种体素方法，用于数字制造定制的拟合插值。各种具有力学、电学、光学性质的异质物体也可以使用多材料增材制造设备制造。设计人员希望直接指定设计组件的功能，而不是仅仅从表面上指定材料组成的对象来间接实现所需要的功能。除了结构性能外，还可以用多种材料的增材制造工艺来设计外观性能。

如图 5-3 所示为组合材料增材制造的鞋底接触压力图。

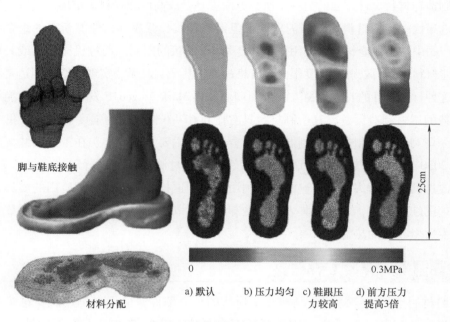

脚与鞋底接触

材料分配

0                0.3MPa

a) 默认　　b) 压力均匀　c) 鞋跟压　d) 前方压力
　　　　　　　　　　　　力较高　　　提高3倍

图 5-3　组合材料增材制造的鞋底接触压力图

## 5.2.3　高性能结构材料设计

合成功能梯度材料（FGM）在增材制造的诸多研究当中有着广泛的研究前景。FGM 通过逐渐改变微观结构的组成，得到性能最优的制件。FGM 可以根据设计需要进行局部特性的设计，从而定制同一部件内的力学、热学以及电学特性。FGM 的设计有离散或连续变化两种方式。对于前者，当构建零件时，每个层铺设不同的材料，使得生成件的性质逐级改变。对于后者，由于不同材料之间的变化被划分得更加精细，生成件的性质将呈现一种连续变化的趋势。图 5-4 所示为由增材制造构建的功能梯度金属矩阵复合体的示例——原始功能梯度 TiC/Inconel690 显微照片。增材制造的这种材料设计能力将大大改变工程产品的未来设计方式，结构件的形状将不再受所使用材料的性质的限制，因此设计师将具有更多的设计空间。

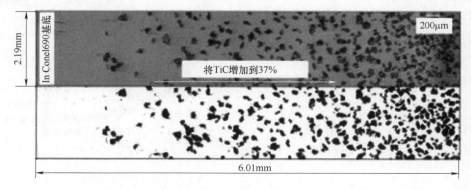

图 5-4　原始功能梯度 TiC/Inconel690 显微照片

　　增材制造在材料设计方面的另一个研究方向就是合成高性能材料。市场对具有高强度和耐久性的先进高性能结构材料有强烈需求，希望得到轻质、低成本、性能新颖的组合材料。通常，工程产品中的高性能材料的使用受到其复杂3D形状的限制。通过机械加工或其他工艺对这些高性能材料进行后处理，难度很大且价格昂贵，甚至有时无法实现。增材制造是在工程产品中实现这种材料设计的有效途径。波士顿创业公司Mark Forged15发布了第一款能够用碳纤维增材制造的增材制造设备，其所制材料具有比6061-T6铝更高的强度重量比。我国的Avic重型机械公司利用增材制造技术制造出了钛合金飞机主要承重部件。在工业领域，某航空公司宣称到2030年，将有超过10万个结构部件使用增材制造技术进行制造，包括为Leap发动机制造改进的燃料喷头。更普遍的是，利用增材制造技术制造可立即应用的模具，例如具有适形冷却的注射模具，靠近模具表面的冷却通道可以设计出复杂的形状，从而节省循环时间以及减少每个循环的热能。

### 5.2.4　自组装和可编程材料

　　当前增材制造技术广泛用于制造复杂形状的独立部件，但用户仍然需要花费数小时的体力劳动来实际组装这些零件。因此，具有自适应、自组装、可重新配置性能的活性材料受到研究者的广泛关注。这种材料可随环境需要自动对自身的相关性质，甚至是材料形态进行调节，如热电材料。随着这些能力在制造过程中的实现，材料的力学性能和结构特征在面对外界刺激（如温度和压力改变）时会发生相应的变化以调节适应。目前组装错误、冗余度的增加和适应大型系统的困难是增材制造高性能自组装结构件面临的关键挑战。

### 5.2.5　生物与仿生复合材料的设计

　　生物材料有数百万年的积累，其所表现出的优异性能，有些是人造材料目前所无法达到的。图5-5所示为工程材料和生物材料的韧性与刚度特性曲线。与典型工程材料相比，在不降低刚度和强度的条件下，生物复合材料具有更高的韧性。研究大自然中材料的形成机制，调查其基本力学特性，可以为增材制造提供必要的支撑。许多环保的、超高性能和多功能的生物材料已被广泛研究。

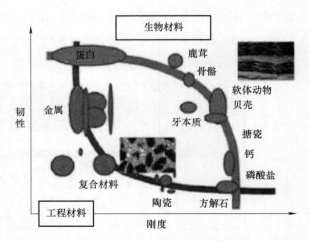

图5-5　工程材料和生物材料的韧性与刚度特性曲线

# 5.3　计 算 工 具

随着低成本增材制造设备的快速增长，现阶段，设计人员已经可以利用新型增材制造设备来构造普通工具难以创建的复杂的实体模型。这需要对设计工具进行大量的开发。本节介绍目前增材制造的 3D 建模和扫描工具方面的研究工作。

## 5.3.1　自然用户界面（NUI）驱动形状建模

没有三维形状建模的发展，增材制造技术将不会成功。传统建模工具中存在的局限性，阻碍了增材制造技术的发展。传统建模工具是高度程序性的，需要经过一定的培训和实践才能有效利用。因此，对于缺乏技术设计专业知识的新手设计师、普通公众以及儿童来说，他们在认识上比较困难。此外，这些工具并不易于使用，不利于早期设计。随着认知学习、计算机视觉和人机交互的结合，研究计算建模和仿真的设计人员一直坚持采用多种模式开发 NUI 驱动的形状建模工具。

### 1. 基于草图的设计

传统的 WIMP（窗口、图标、菜单、指针）界面系统将描绘的设计转换为 3D 模型之前，通常在概念设计阶段使用 2D 绘图。过去十年，基于草图的建模界面（SBIM）通常使用自然和快速的草图交互的方法创建、编辑数字模型。有研究者通过搜索、模板检索、"建设性"系统以及直接从草图重建和变形对象等方法将基于笔画的 SBIM 改进为"唤醒"系统。在这种系统中，笔、双手和多点触摸的交互性大大提高，它能为设计师在草图和建模工作流程中提供更便捷的方法。

### 2. 基于手势的建模

随着最近低成本 3D 输入设备在市场上成功占有一席之位（如深度感应摄像机），NUI 驱动的基于手势平台的建模工具迅速引起研究者的广泛关注。在人工手势与 3D 模型的自然结合下，设计师本人也成为创意和形状设计过程的重要组成部分，而这一过程并不需要进行专业的训练。最近，有研究学者提出了一些新的建模表示方法，例如，基于手势进行表征形态建模的数据模拟的体素表示方法，以上下文相互作用（SGCI）的基于手势的 3D 形状创建系统等。尽管取得了一些研究进展，但是关键的挑战仍在于手势的识别和解释方面。

### 3. 有形的形状创作

用手和手持工具握住、操纵和修改现实世界的物体，是人类从小就会执行的自然任务。通过合并传统的制作工艺方法，工程师和科学家们也使用有形的、有触觉的设备来创建和修改 3D 模型，如使用可穿戴的手套装置进行有机形状的建模；受雕刻工艺的启发，一种有形的交互方法被使用，即用手持工具来雕刻复杂的空间对象，并且还能用来解释和编辑虚拟模型；使用扫描物理对象的横截面来重建3D模型等。比起使用虚拟软件来进行模拟的建模，这种方式的建模会更加直观，其建模过程也更加贴近实际设计品的生成规律。当前的技术还难以实现这种方法实际上的应用，但其未来前景是相当可观的。

## 5.3.2　3D光学扫描

拥有扫描能力的设备在进行设计建模的时候可以重复使用以前的几何形状，这项能力可作为成品维修以及奠定个人定制化模型的基础。因此，优化扫描技术对于推动增材制造技术的发展至关重要。扫描与增材制造设备的组合形式在过去几年中经历了一场革命。在手持设备及桌面设备的辅助下，激光扫描技术已经成熟，成本不断降低。它们大多是价格在几百到几千元之间的台式机型。低成本的深度相机，如微软的kinect已经普及，开发了特殊的应用程序将多层次图像转换为3D模型。三维光学扫描技术在过去几十年中一直在快速发展，它们往往用于在增材制造数字化过程中修改和再现物理对象领域的定量测量方面。

目前已有的技术包括光度法、立体视觉、光场、阴影形状、飞行时间、结构光和数字边缘投影等。这些技术可以大致分为两类：被动方法（例如摄影测量、立体视觉、光场成像等）和主动方法（飞行时间、结构光等）。

被动摄影测量方法已广泛应用于遥感技术，用来确定场景的平面坐标。立体视觉技术用两个摄像机从不同的视角捕获两个2D图像，从而模拟与人类视觉相同的过程。但是如果物体表面不具有明显的自然纹理变化，则该技术难以实现高精度成像。光场成像方法使用微透镜阵列恢复3D信息，这种方式不用担心立体视觉方法的对应问题。一般来说，被动方法在要求不高的场合很有效。飞行时间需要进行三维重建，适用于远距离测量。近距离测量主要是基于三角测量的主动方法。由于结构化图案的性质，这些方法可以实现不同的空间分辨率、速度以及精度。

激光扫描系统为了代替使用离散点，通常使用结构化线条来提高速度和分辨率。由于线在一个方向上是连续的，所以其空间分辨率可以提高到沿线方向的相机像素的分辨率。另一种流行的激光方法称为边缘投影，它是通过激光干涉或者数字计算机产生正弦变化的结构图案来进行投影的。与所有上述方法不同的是，边缘投影技术使用相位信息来建立表面纹理变化的对应关系，这可以实现高精度测量。另外，由于边缘投影技术只需要少量的3D重建图案，因此它可以进行物理对象的高速测量。

## 5.3.3　共同设计与共同创作平台

桌面级3D打印平台的出现使得增材制造技术更广泛地为人们所接触，其制造原理相对简单，很容易上手，因此市场上入门级软件的需求不断增加。为了满足更多消费者的需求，需要打造一种共同创造的模式。共同创造是指公司和客户共同创造价值，它能为客户提供机会，依据他们的具体需求来影响工件的设计。在计算机和增材制造设备的结合下，联合创作将采用一种支持Web的软件工具的形式，允许用户修改预先设计的部分尺寸。本质上，设计的技术方面在到达用户手中之前已经完成了，而用户可以根据自己的需要使用"滑杆"来调整设计参数得到最终形状。例如，来自拉夫堡大学设计研究学院的一个团队开发了软件（利用 Rhino 设计环境中的 Grasshopper 插件）"PenCAD"，任何用户都可以用这款软件轻松地设计圆珠笔的几何变体。基础设计创建后，任何人都可以使用滑块来进行自定义变体，更改尺寸、颜色和整体形状等。再比如 Uformia 的"Uformit"软件是一个在线 3D 模型库，它可以帮助用户对任何上传的 3D 模型进行修改。这些基于网络或应用程序的设计工具的总体目标是使非专家设计的产品满足用户的个性化需求。这样的工具将需要虚拟环境及用户界面与参数化模型和智能设计工具进行交互，建立相应的机制，管理好各个模块之间的交互连接才能有效运转。

# 5.4 制 造 工 艺

## 5.4.1 开源硬件和 3D 打印机

3D 打印机被广泛认为是将开源流程扩展到物理产品开发的技术。3D 打印机可以在任何人都可以使用和修改的开放平台上共享设计。同时，开源 3D 打印机代表了开源硬件开发的一些最早的实践。例如 2004 年，Adrian Bowyer 从巴斯大学推出了 RepRap（复制 3D 打印机）项目。在随后的几年里，康奈尔大学的 Hell Lipson 和 Windell Oskay 发起了 Fab @ Home 和 CandyFab 项目。这些开发开源 3D 打印机的早期实验提供了开源流程的丰富信息。

与传统的分层设计流程相比，开源流程基本上是独一无二的，因为它们是由演化过程驱动的。根据开源硬件协会（OSHWA）的规定，开放硬件的定义特征是"设计公开可用，以便任何人都可以基于该设计来研究、修改、分发、制造和销售设计或硬件"。不同的开源项目提供不同级别的信息。一些项目甚至提供了可复制的最终设计文件，任何人可以通过直接复制来使用它。其他项目大多是记录整个设计过程中的设计信息。例如对于 RepRap 项目，整个项目的演进在网上有完整的记录；详细的设计文件（如 CAD/CAM 文件）可以在 Thingiverse16 和 GitHub 等平台上找到。使用这些文件，可以分析产品的定型过程，以确定添加哪些部件，修改哪些部件，或删除某些部件。

尽管最终设计文件的共享推动了与这些产品相关的创新，但是目前开放的硬件项目并不是真正的开放。大多数用户从共享平台上获得的是最终设计，而与设计相关联的完整知识（例如约束、模型、分析和迭代等）无法得知，所以如果用户想要对其进行修改将十分困难。因此这些修改和衍生设计目前难以实现。这种情况就从整体上限制了开放硬件产品的发展。开放硬件中的这些问题不仅与开源 3D 打印机相关，而且对 3D 打印机支持的所有其他开源物理产品也有影响。

另外，需要注意的是 3D 打印的早期创新来源于研究中同时发展的包含工艺和设备的各种项目。最近开放的用于 3D 打印的硬件系统成本较低，并且由于机器设计和控制算法趋向于简单化，缺失了提高精度的能力。这种缺失不利于工艺材料和设计工具的进步。

## 5.4.2　增材制造过程模拟和优化

规划和优化过程的模拟功能对于增材制造系统至关重要。这一过程可以为产品设计提供物理参数，如液滴尺寸、形状精度、固化程度和温度。研究人员已经开发了各种增材制造工艺的仿真方法，例如液滴冲击模拟用于基于 3D 打印的多喷射建模过程，光能调制模拟立体光刻过程运用于制造显微镜器件，激光能量和材料温度模拟用于激光选区熔化工艺。

与传统制造工艺相比，增材制造系统需要更多可控的工艺参数，材料性能与工艺参数之间需要更为紧密的相互作用。这就为开发增材制造建模仿真和高保真优化方面制造了重大挑战，特别是异质材料沉积技术。由于 FDM 和 SLS 工艺中的构建参数不同，制造出来的增材制造零件具有不同的材料特性。一个有效的途径应该是将增材制造工艺选择与设计师早期设计阶段的工艺规划相结合，这一方面的研究已经在展开中了。

同时，过程模拟模型、方法在范围和规模的多样性，以及不同级别的保真度方面都受到限制。在增材制造系统中实时仿真和反馈控制的集成对于实现可控造性能至关重要。在商业方面，目前还没有增材制造开发商和用户可以直接使用的模拟系统。因此，仍然需要大量的努力和时间来开发类似于 VERICUT 的数控加工仿真系统和 MoldFlow 的注塑成型工艺的仿真系统。

## 5.4.3　增材制造的环境可持续性考虑

增材制造技术可能改变产品开发过程现有的模式。因此，可以预见基于增材制造的生产模式的每个生产周期将对可持续性产生重大影响。若是能进行大致的分析可能使得过程更加良性，材料和制造利用效率更高。同时，新制造工艺的出现也会带来不同的工艺能耗、工艺材料和生产技术。研究表明，在某些情况下，FDM、LDED 和 SLS 等工艺比传统制造工艺更环保，冲击减少约 70%。在能源消耗方面，增材制造可能不会超过传统制造工艺。

使用各种不同的化学溶剂、输入材料和生产消耗品可能对人体健康构成重大威胁，并且不利于预估操作者所受伤害。想要控制初级或次级材料废物数量目前还无法实现。增材制造中材料和溶剂的潜在毒性、环境危害和化学降解性仍然具有相当大的研究潜力。另一方面，早期原型设计的增加可能减少产品开发后期的故障，对生产环境具有积极的影响；但减少原型设计的障碍可能增加不必要的测试和评估，从而对可持续生产力产生负面影响。

未来的增材制造研究的重要方向将是优化资源利用。为了充分认识到增材制造技术的潜在优势，未来的研究应该不断深入，如材料微观结构、力学、传热、零件拓扑和环境评估的多结构优化方法等。

所有人包括设计师、制造商和环境专家等应共同努力进一步研究增材制造技术对环境、社会和经济的潜在影响。

## 5.5　发 展 方 向

增材制造技术发展迅速，典型研究有以下几个方向。

**（1）增材制造技术材料的新扩展**　增材制造技术的成形原理与传统方法不同，因此基于传统制造工艺制定的材料牌号并不完全适用于增材制造技术，虽然一些材料和工艺组合已经进入实际应用的成熟阶段，可用于增材制造的材料种类依旧较少，亟需开展面向增材制造工艺特点的新材料研发。

随着集成计算材料工程（Integrated Computational Materials Engineering，ICME）和材料基因工程（Materials Genome Initiative，MGI）等计划的深入实施，各种尺度计算方法逐步应用于辅助增材制造材料的设计中。如原子尺度的第一性原理计算和介观尺度的相图计算（Calculation of Phase Diagrams，CALPHAD）方法作为合金设计的重要手段，能有效减少新材料设计与开发的时间和成本，实现合金的高效设计，已成功用于高性能合金的设计与开发。再如介观尺度的相场模拟方法，通过耦合热及动力学数据库，可实现材料制备过程中微结构演化的定量模拟。而宏观尺度的有限元模拟，能对增材制造过程中的熔池温度场、应力场和速度场进行数值模拟，揭示材料增材制造过程中缺陷的形成与冶金行为演变机制。此外，通过机器学习对实验数据进行挖掘，建立制备工艺和力学性能的关系，能准确地预测缺陷的形成和开发新型高性能新材料。

**（2）增减材智能制造一体化**　增材制造在成形方面具有速度快、机构易构性高、自动化程度高等优点，传统减材制造对零件精加工和表面处理，如提高准确度、精密度和降低表面粗糙度方面具有优势。基于现有加工技术，结合不同工艺优势，需要开发以增减材制造一体化为理念的复合加工快速成形系统，采用增材成形，减材加工，"先增后减，边增边减"的加工顺序，实现零件加工的一体化。增减材复合制造需要适应不同材料不同加工工艺的要求，模块化的软硬件集成必不可少；高价值、高精度的零件加工需要实时监测，因此多类型高精度的检测技术是提高零件质量的必要因素；目前的制造控制方式多是开环控制，全闭环的加工过程控制能对过程实时调整，提高系统鲁棒性，实现高效高精加工。

**（3）成分、结构、功能、体化**　增材制造的显著特点是金属的高冷却率和高精炼性，这导致零件的微观结构发生变化，并改变成形件的宏观性能。高凝固率显著增加了增材制造可用光谱的范围，使不可混溶或过饱和的合金组合物加工成为可能。如通过将铜和钨熔融于一体，可得到一种集铜的高导电率和钨的高熔点为一体的新材料，提高宏观材料的物理和力学性能。一种新思路是在原粉中加入添加剂，使其满足特定的加工或使用要求，如通过添加剂提高可加工性（流动性、润滑性，能量吸收率）或者功能特性（强度、电导率、磁导率）。对零件轻量化和一体化的需求催生了功能梯度材料，功能梯度材料由两种及以上材料组合而成，包括金属、合金和金属基复合材料，集成了不同材料的物理、力学特性。由异质材料通过增材制造成形的，形状复杂、微结构可控的复合功能金属零件，具有多种功能性特点，对满足航空航天、国防、汽车和生物医学工业的严苛使用要求具有重要意义。

## 思考题

1. 目前多重表示的方法有哪些？有什么优缺点？
2. 增材制造几何加工包括哪几个步骤？
3. HPC 有什么作用？
4. 高性能结构材料主要有哪些？
5. 什么叫自组装和可编程材料？有什么优点？
6. 新型的计算工具有哪些？有什么优缺点？
7. 什么叫开源硬件？使用开源硬件有什么优势？
8. 增材制造与环境可持续有什么关系？怎样实现增材制造的环境可持续？

## 参 考 文 献

[1] 赵剑峰，马智勇，谢德巧，等. 金属增材制造技术 [J]. 南京航空航天大学学报，2014，46（05）：675-83.

[2] JIN C, ZHANG C, LIU W. Customization Product Design Based on User's Emotion and Needs [J]. Journal of China Ordnance, 2005, 02：245-249.

[3] 果春焕，王泽昌，严家印，等. 增减材混合制造的研究进展 [J]. 工程科学学报，2020，42（05）：540-548.

[4] 高建宝，李志诚，刘佳，等. 计算辅助高性能增材制造铝合金开发的研究现状与展望 [J]. 金属学报，2023，59：87-105.

[5] 朱家威，黄士争，潘威，等. 高效高强挤出增材制造技术研究进展 [J]. 高分子材料科学与工程，2023，9（39）：158-165.

[6] 刘倩，卢秉恒. 金属增材制造质量控制及复合制造技术研究现状 [J]. 材料导报，2024，38（9）：22100064.

[7] 张海鸥，黄丞，李润声，等. 高端金属零件微铸锻铣复合超短流程绿色制造方法及其能耗分析 [J]. 中国机械工程，2018，29（21）：2553.

[8] GU D, SHI X, POPRAWE P, et al. Material-structure-performance integrated laser-metal additive manufacturing [J]. Science, 2021, 372：932.

[9] SUN C, WANG Y, MCMURTREY M D, et al. Additive manufacturing for energy：A review [J]. Applied Energy, 2021, 282：116041.

[10] TAN C, WENG F, SUI S, et al. Progress and perspectives in laser additive manufacturing of key aeroengine materials [J]. International Journal of Machine Tools and Manufacture, 2021, 170：103804.

[11] DATTA S, SHARMAN M, CHANG T-W. Computation and fabrication of scaled prototypes [J]. Automation in Construction, 2016, 72：26-32.

［12］STEUBEN J C, ILIOPOULOS A P, MICHOPOULOS J G. Implicit slicing for functionally tailored additive manufacturing［J］. Computer-Aided Design, 2016, 77：107-119.

［13］MINASYAN T, HUSSAINOVA I. Laser powder-bed fusion of ceramic particulate reinforced aluminum alloys：A review［J］. Materials, 2022, 15：2467.

［14］PANWISAWAS C, TANG Y T, REED R C. Metal 3D printing as a disruptive technology for superalloys［J］. Nature Communications, 2020, 11：2327.

［15］ZHANG J L, GAO J B, SONG B, et al. A novel crack-free Ti-modified Al-Cu-Mg alloy designed for selective laser melting［J］. Additive Manufacturing, 2021, 38：101829.

［16］MARTIN J H, YAHATA B D, HUNDLEY J M, et al. 3D printing of high strength aluminium alloys［J］. Nature, 2017, 549：365.

［17］CHEN Y, WANG C C L. Uniform offsetting of polygonal model based on layered depth-normal images［J］. Computer-Aided Design, 2010, 43（1）：31-46.

［18］CHIU W, TAN S. Using dexels to make hollow models for rapid prototyping［J］. Computer-Aided Design, 1998, 30（7）：539-547.

［19］GUPTA V, TANDON P. Heterogeneous object modeling with material convolution surfaces［J］. Computer-Aided Design, 2015, 62：236-247.

［20］LI W, MCMAINS S. A sweep and translate algorithm for computing voxelized 3D Minkowski sums on the GPU［J］. Computer-Aided Design, 2014, 46：90-100.

［21］OHSAKI M. Random search method based on exact reanalysis for topology optimization of trusses with discrete cross-sectional areas［J］. Computers and Structures, 2001, 79（6）：673-679.

［22］PASKO A, FRYAZINOV O, VILBRANDT T, et al. Procedural function-based modelling of volumetric micro-structures［J］. Graphical Models, 2011, 73（5）：165-181.

［23］SAFARI M, NILI-AHMADABADI M, GHAEI A, et al. Inverse design in subsonic and transonic external flow regimes using Elastic Surface Algorithm［J］. Computers and Fluids, 2014, 102：41-51.

［24］WANG C C L. Computing on rays：A parallel approach for surface mesh modeling from multi-material volumetric data［J］. Computers in Industry, 2011, 62（7）：660-671.

［25］WANG C C L, LEUNG Y-S, CHEN Y. Solid modeling of polyhedral objects by Layered Depth-Normal Images on the GPU［J］. Computer-Aided Design, 2010, 42（6）：535-544.

［26］WANG C C L, MANOCHA D. GPU-based offset surface computation using point samples［J］. Computer-Aided Design, 2013, 45（2）：321-330.

［27］GAO W, ZHANG Y, Ramanujan D, et al. The status, challenges, and future of additive manufacturing in engineering［J］. Computer-Aided Design, 2015, 69：65-89.

"两弹一星" 功勋科学家：

屠守锷

# 第6章

## 增材制造的主要应用领域

近 30 年来,增材制造技术发展日渐成熟,应用范围已覆盖航空航天工业、汽车工业、生物医学和文化创意等各个重要领域。增材制造经历了由研发创新向产业规模化发展的蜕变,据我国增材制造产业联盟统计,未来几年增材制造的产业规模有望突破千亿,增材制造产业链的企业也将超过千家。

# 6.1　增材制造在航空航天工业中的应用

当今世界,航空航天技术是最具有影响力的高新科技之一,而航空航天制造技术是航空航天领域极为重要的一部分,它的发展水平对于飞机、导弹、火箭和航天器等航空航天产品可靠性的增强与使用寿命的延长起着决定性的作用。增材制造对于航空航天制造综合技术性能的完善、产品的研制和生产成本的降低,甚至总体设计思想能否得到具体实现,有着重要作用。航空航天制造技术是集现代科学技术成果之大成的制造技术,集中代表了一个国家的制造业水平和技术实力,是衡量一个国家科技发展综合水平的重要标志之一。

## 6.1.1　航空航天制造领域的情况

结构复杂、重量轻、零部件加工精度高、表面粗糙度要求高、工作环境恶劣和可靠性要求高是航空航天产品的共同特点,因此需要利用先进的制造技术才可能有效的满足要求。而且,航空航天产品的研制准备周期较长,品种较多,更新换代较快,生产批量小。因此,其制作技术还需要适应多品种,小批量生产的特点。

总而言之,航空航天产品对更强、更轻、更可靠和适应更严酷环境的巨大需求,致使航空航天产品的结构均较复杂,对材料的要求也特别高,这使得航空航天产品的研发、制造周期会较长。增材制造技术凭借其独特优势和特点给航空航天工业产品的设计思路和制造方法带来了翻天覆地的变化,为航空航天产品设计、模型和原型制造、零件生产和产品测试都带来了新的研发思路和技术路径。

德国 Fraunhofer 研究所于 1995 年提出了 SLM 技术,并于 2002 年在 SLM 技术上取得实质性的突破。随后国际各大航空航天制造企业将可制备精密复杂金属构件的 SLM 列为首要发展技术之一。NASA 的“太空发射系统”计划中,正在对能否使用 SLM 技术生产多种金属零件进行验证,从小卫星到火箭发动机,遍布六大研发领域。J-2X 发动机的排气孔盖和 RS-25 发动机的弹簧 Z 隔板已开始利用 SLM 工艺来制造。2012 年,NASA 在亚利桑那州沙漠中测试的火星飞船,甲板装有 SLM 技术成形的带有曲线和镂空结构的金属零部件。与传统的制造工艺相比,机械加工量减少了 90% 以上,研发成本降低近 60%。

波音公司的波音 787 梦想飞机,至少有 32 种部件采用 SLM 技术。GE 公司也将增材制造作为其核心技术加以布局,并于 2012 年 11 月收购了两家从事增材制造技术的专业公司,即 Morris Technologies 公司和 RQM 公司。收购后的公司使用 100 多台 SLM 设备,为 LEAP 发动机的燃烧系统提供组件。目前其发动机生产过程中有超过 10 万个终端零件采用 SLM 技术生产。如图 6-1 所示为 Morris Technologies 公司采用 SLM 技术为 GE 公司生产的发动机部件。如图 6-2 所示为 GE 公司采用 SLM 技术制造的发动机喷油嘴，该零件只有手掌大小，结构复杂，若采用传统的机械加工工艺将由 20 个零件组装而成。而采用 SLM 技术可以实现发动机喷油嘴的一次成形，使其寿

图 6-1　Morris Technologies 公司采用 SLM 技术为 GE 公司生产的发动机部件

命延长了 5 倍，燃油效率极大地提高，维护成本也大大降低。

　　华中科技大学在 SLM 技术领域处于国内领先水平，从装备研制，工艺研究和机理研究等方面开展了独具特色的工作，其研究成果在航天、船舶等领域得到了应用，如图 6-3 所示是采用 SLM 技术制备的航空发动机空心叶片。传统的制造方法是采用精密铸造，从型芯的制备到后期叶片的浇注，整套工艺流程长，而且对型芯的性能要求很高，采用精密铸造工艺制造的航天发动机空心叶片，其性能和可靠性难以得到保证，而采用 SLM 技术只要准确把握成形过程的温度变化规律，便能够制造出组织和性能均满足工程使用要求的零件。

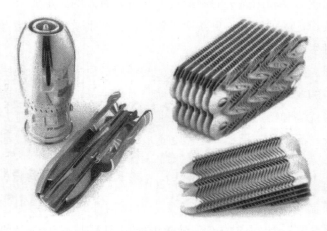

图 6-2　采用 SLM 技术制造的发动机喷油嘴

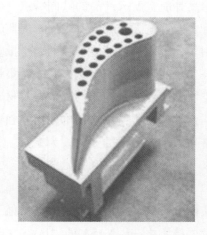

图 6-3　采用 SLM 技术制备的航空发动机空心叶片

　　增材制造技术所具有的特征已在航空航天制造技术的发展中表现出明显的优势：①实现新型飞机和航空发动机的快速研发；②显著减轻零件结构重量；③显著节约昂贵的航空金属材料；④优化航空航天结构件的设计，显著提升航空航天构件的效能；⑤通过组合制造技术改造提升传统航空航天制造技术；⑥基于金属增材制造的高性能修复技术保证航空航天构件的全寿命期的质量与成本。

## 6.1.2　国内典型案例

如图 6-4 所示为国防科技工业先进制造技术研究应用中心利用 SLM 工艺制成的钛合金飞机零件。他们研究出的五代激光熔融沉积制造设备，可成形最大尺寸为 4m×3m×2m，已制造出 30 余种飞机用钛合金大型整体关键主承力构件。并在 7 种型号飞机研制和生产中得到工程应用，同时相关成果荣获 2012 年国家科技进步一等奖。

图 6-4　钛合金飞机零件

如图 6-5 所示为由西北工业大学依托国家凝固技术重点实验室，成功研制出的系统集成完整、技术指标先进的激光熔融沉积成形装备，为企业提供了多种大型桁架类钛合金构件。

如图 6-6 所示为飞机研制过程中应用的叶轮缩比件。它由上海华通设备制造总厂自主研制的国内首台新型多激光金属熔融增材制造装备制成，除了飞机叶轮以外，已经成功制造出卫星星载设备的光学镜片支架、核电检测设备的精密复杂零件、汽车发动机中的异性齿轮等多种复杂构件。这些构件有的为网状镂空结构，有的形状极其不规则，有的微小而复杂。

图 6-5　激光熔融沉积成形装备

图 6-6　飞机叶轮缩比件

## 6.1.3　国外典型案例

目前，美国波音公司针对增材制造技术在航空航天制造方面的应用已走在世界前列，该公司已在 X-45、X-50、无人机、F-18、F-22 战斗机项目中应用了聚合物增材制造和金属增材制造技术。自 2001 年以来，美国 Lockheed Martin 公司、Sciaky 公司开展了大量航空钛合金零件的 EBF 制造技术研究，采用该技术成形制造的钛合金零件已于 2013 年装到 F-35 飞机上成功试飞。不过，Boeing 和 Lockheed Martin 公司目前在飞机上装机应用的增材制造零件主要还是非结构件。美国 GE 公司重点开展航空发动机零件的 SLM 和 EBM 制造研究及相关测试。GE 公司已经发布了第一款应用在商用喷气式发动机上的增材制造引擎零件。同时，GE 正在对其他系列产品进行验证，下一代 LEAP 喷气式发动机的飞行测试已经开始，该发动机配备了 19 个由增材制造技术加工的燃油喷嘴。因此，预计在今后几年里将会有更多的增材制造制件在航空航天制造中应用。

如图 6-7 所示为由空客公司提出的利用增材制造技术打造的概念飞机。据悉，要想利用增材制造技术完整制造该飞机，需要一台大小如同飞机库房一样的增材制造设备方可完成，至少这台增材制造设备要达到 80m×80m×100m 的规格才可以实现制造要求。

图 6-7　增材制造概念飞机

如图 6-8 所示为增材制造的导弹模型。其来自全球最大导弹生产商雷神公司，该公司使用增材制造技术制造了制导武器几乎所有的组成部分，包括增材制造的导弹发动机，用于引导和控制系统的部件，导弹本身和导弹磁片。增材制造导弹可以使其供应链相对变得更简单，开发周期变得更短。而且可以测试更多、更复杂的设计。

图 6-8　增材制造的导弹模型

美国海军在埃塞克斯号航空母舰（Essex）上安装了一台增材制造设备，让海军在海上执行任务的时候可以通过增材制造加工出需要更换的零部件。据了解，美国海军正在尝试在他们的军舰上，用舰载的增材制造设备定制出无人机。目前研究人员的基本想法是，船舶只需要带着少量无人机上通用的电子元器件离开港口。其中无人机的主体完全是定制的，由陆地上的研究机构负责设计。设计完成后迅速传送到这些船舰的增材制造设备上，然后进行快速制造并组装。

## 6.2  增材制造在汽车工业中的应用

据市场调研，增材制造技术在汽车行业 2019 年的市场规模为 8.7 亿美金，2023 年达到 22.7 亿美金。目前，增材制造技术在汽车行业的应用主要集中在概念模型的设计、功能验证原型的制造、样机的评审及小批量定制型成品四个生产阶段。增材制造应用的领域从原先简单的概念模型向功能原型的方向发展，并应用到发动机等核心零部件的制造领域。

### 6.2.1  汽车零部件的制造

汽车制造业对增材制造的需求最为显著，如汽车水箱、油管、进气管路、汽车仪表盘、车灯配件、装饰件等零件的试制均可应用增材制造技术。目前，几乎所有的著名汽车厂商如奥迪、宝马、奔驰、通用、大众、丰田、保时捷等汽车都已经开始应用了增材制造技术，并取得了较为显著的经济和时间效益。使用该技术在设计前期制造样件验证，可降低设计风险，减少研发成本和研发周期。

在新车开发过程中，通常通过制造小比例模型，模拟汽车造型的实际效果，供设计人员和决策者评审与确定。通常模型比例为 1：4 或 1：5，经审定后再制造 1：1 的大模型，继而进行各项试验测试。在 1：1 模型的基础上，可以用增材制造技术制造车灯、座椅、方向盘和轮胎等汽车零部件。

如图 6-9 所示是 2015 年日内瓦车展上，宾利汽车展示的用增材制造技术制造的概念车，这辆概念车的各种功能部件都是用增材制造技术制造完成的，包括其标志性的进气格栅，排气管，门把手和侧通风口。

图 6-9  增材制造的概念车

如图 6-10 所示为由 KOR Ecologic 公司、RedEye 公司及增材制造的设备商 Stratasys 公司三家联合设计的第三代增材制造汽车 Urbee2，它是一辆完全使用增材制造技术制造的汽车，整车包含了超过 50 个增材制造组件。该车配备三个车轮，动力为 7 马力（5kW），燃油效率很高，行驶 4500kM，油耗只有 38L。

如图 6-11 所示为 Strati 汽车。亚利桑那州的 Local Motors 汽车公司已经建立了增材制造系统，其通过增材制造技术制造出来的 Strati 汽车由 49 个零部件构成，其中座椅、车身、底盘、仪表板、中控台以及引擎盖都是由增材制造系统完成的。该车最高速度为 40km/h，采用电池和电动机进行驱动，而非传统的发动机，并可以搭乘两名乘客。

图 6-10　增材制造汽车 Urbee2　　　　　　　　　图 6-11　Strati 汽车

据估算，以制造一件 280mm×150mm×70mm 的复杂汽车零件为例，传统形式的制造工艺需要花费 32 天和近 1 万元的成本，而使用 FDM 技术仅需要 40 小时和 3000 元的成本。

## 6.2.2　汽车零部件的轻量化制造

汽车的轻量化需求已成为世界汽车发展的趋势。轻量化的具体措施包括利用轻量化材料和简化零部件结构，从而实现环保和节能的目的。当前，德国宝马、奥迪以及美国通用等汽车制造商都已推出利用碳纤维部件的新车型。

如图 6-12 所示为德国独立汽车设计公司 EDAG 推出的一款具有革命性的增材制造概念车"起源"。汽车内部的碳纤维结构件由增材制造设备制造，用以提高强度。EDAG 公司的增材制造概念车极具未来派色彩，有望在数年内正式量产。

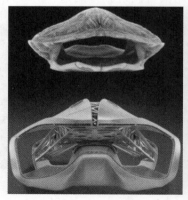
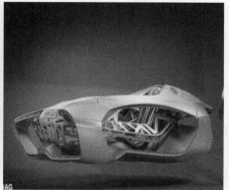

图 6-12　"起源"概念车

如图 6-13 所示为汽车排气管，其由我国某公司根据汽车厂商的需求，设计并制造。该排气管具有螺旋上升排列的空洞结构，这种复杂的结构只有增材制造技术才可完成。若采用传统的加工工艺是无法获得内外表面都比较光滑的管道的，而采用增材制造技术可使之成为现实。

图 6-13  汽车排气管

## 6.2.3  汽车创意产品的定制

随着互联网和大数据等技术的发展，个性化的产品越来越多，否则难以满足大众的需求。尤其是年轻人，对车身外覆盖件、汽车内饰零件等个性化需求更为热衷，这就为增材制造技术在个性化的定制上提供了巨大的市场。

# 6.3  增材制造在生物医学中的应用

增材制造技术是新型的数字化生产技术，它正逐步应用到生物医学的各个领域。随着影像学、生物工程、生物材料等学科的发展和交叉学科的兴起，相信在不久的将来，增材制造技术能做到高效、高精度、低成本，并对特定患者定制个性化植入物甚至组织器官。

增材制造技术在医学应用方面成效显著，给人们带来了福音。首先，增材制造技术可用以规划和模拟复杂手术。利用增材制造技术快速成形出 3D 模型，用于外科医生模拟复杂的手术，从而制定最佳的手术方案，提高手术的成功率。随着增材制造技术的发展，利用增材制造设备打印出模型，对腹腔镜、关节镜等微创手术进行指导或术前模拟等也将得到更多的应用与推广。其次，随着生物材料的发展，生物 3D 打印速度提高到较高水平，所支持的材料也更加精细全面。当打印制造出的组织器官可具有免遭人体自身排斥的能力时，实现复杂的组织器官的定制将成为可能。那时每个人专属的组织器官随时都能打印出来，这就相当于为每个人建立了自己的组织器官储备系统，可以实现定制植入物。最后，当增材制造设备逐步升级后，在一些紧急情况下，还可利用增材制造设备制造医疗器械用品，如导管、手术工具、衣服、手套等，可使各种医疗用品更适合患者，同时减少获取环节和时间，临时解决医疗用品不足的问题。总之，增材制造是一种新兴的数字化制造技术，它的发展将给医疗模式带来新的变革，最终造福人类。

### 6.3.1 规划和模拟复杂手术

利用增材制造技术制造出 3D 模型，用于外科医生模拟复杂的手术，从而制定最佳的手术方案，提高手术的成功率。传统的手术治疗修复是通过线片、影像学检查得到的数据，凭借医生的经验确定手术方案。而通过增材制造技术可以快速获得手术部位的数字化实体模型，以供外科医生在术前确定手术方案、模拟手术过程、熟练手术操作、预计手术结果，极大地减少了手术过程中出错的可能性，无疑将会给患者带来福音。除了进行术前模拟规划，还可以通过增材制造模型向患者及家属详细讲解病变的复杂性及手术操作的危险性，获得患者及家属的理解与配合，如图 6-14 所示为增材制造的下颚骨三维立体模型。

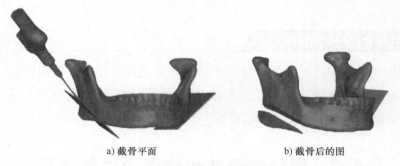

a) 截骨平面　　　　　　　　　　　　b) 截骨后的图

图 6-14　增材制造的下颚骨三维立体模型

### 6.3.2 定制植入物和假体

**1. 器官增材制造**

在传统的组织工程中，修复受损器官的方法主要包括：首先在体外培养细胞，在其扩增后附着在预先设计好的生物支架材料上，然后植入患者的病损部位。随着细胞的分裂和长大，支架材料被逐渐降解，最后形成具有生理结构和功能的新生组织，从而达到组织器官的复制或再生的目的。而利用增材制造技术制造生物器官，只要将支架材料、细胞、细胞所需营养、药物等重要的化学成分在合理的位置和时间同时传递，就可形成生物器官。

国外的很多研究团队也进行了相关的实验和研究。已有研究团队采用生物细胞结构和纳米电子元素，以水凝胶作为基质，根据人耳的解剖形状，利用增材制造技术制造出了仿生耳，能实现听觉，甚至能听立体声音乐。如图 6-15 所示为增材制造的仿生耳。为了制造复杂的器官，必须保证器官的正常供血，这就需要一个三维树状的血管网络。

2013 年 4 月 26 日，Organovo 公司利用增材制造技术制造出了深度为 0.5mm、宽度为 4mm 的微型肝脏。该微型肝脏具备真实肝脏器官的多项功能。它能够产生蛋白质、胆固醇和解毒酶，并将盐和药物运送至全身各处。有研究人员已经将增材制造可吸收冠状动脉支架用于人体，而国外处于实验性阶段的生物医学增材制造研究的还有膝软骨、心脏瓣膜等。德国研究人员也利用增材制造技术制造出了柔韧的人造血管，这种血管可与人体组织融合，不但不会发生排异，而且可以生长出类似肌肉的组织，同时解决了血管免遭人体排斥的问题。

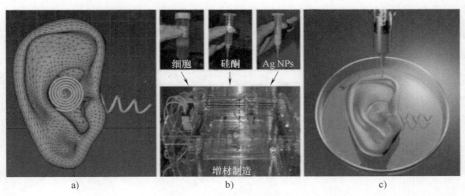

图 6-15　增材制造的仿生耳

目前国内很多高校如清华大学、西安交通大学等也正在进行生物器官制造的相关研究。清华大学开展了细胞直接三维受控组装技术的研究，成功制造出了具有自然组织特性（细胞微环境、三维组织、细胞间相互作用）及生物活性的组织器官。西安交通大学的研究人员利用光固化成形技术，面向天然基质生物材料，研发了可以增材制造立体肝组织的仿生设计与分层制造系统，成功克服了软质生物材料微结构的三维成形难题。

一直以来，器官来源阻碍着移植医学的发展，目前器官来源主要靠捐赠，但社会上的器官捐赠杯水车薪，而且捐赠的器官还存在着致命的移植排异反应，常常导致移植失败，在平均每 150 名等待器官移植的患者中，只有 1 人能等到可供移植的供体。有了增材制造的器官，不但解决了供体不足的问题，而且避免了异体器官的排异问题，未来人们想要更换病变的器官将成为一种常规治疗方法。利用患者自身的干细胞增材制造出移植所需的器官完全可以避免这些问题。

虽然生物增材制造仍处于研究和测试阶段，但是前景颇为光明，器官的增材制造将终结器官捐赠的历史。如图 6-16 所示为器官的增材制造构想。增材制造技术的不断进步和深入应用将有助于解决当前和今后人体器官短缺所面临的困境。

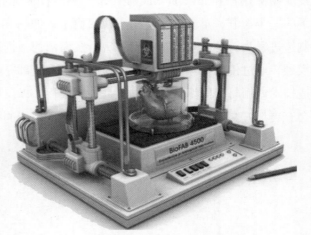

图 6-16　器官的增材制造构想

### 2. 组织器官代替品制造

人体组织器官制造需要"细胞打印"技术，即通过增材制造技术与生物制造技术的有机结合，解决传统组织工程难以解决的问题。其可利用计算机控制含细胞液滴的沉积位置，在指定位置逐点打印，层层叠加形成三维"多细胞—凝胶"体系。该技术对替代物材料的要求很高，但目前已有一些成功案例，比如复制人体骨骼、人造血管等。2012年，一位83岁的骨髓炎患接受了增材制造技术制造的人工下颚骨移植手术，术后新的下颚骨未对患者的语言和表达造成影响。人造下颚骨在制造过程中，研究人员扫描患者骨骼需求位置情况，设计出骨骼部件的模型，然后利用高精度的激光枪熔解钛粉材料，并将其以层叠方式累积起来，经过固定成形，制成一个人造骨骼实物，如图6-17所示为增材制造的人造下颚骨实物。

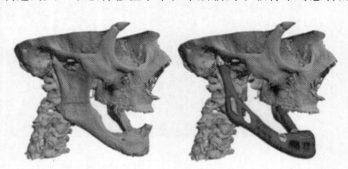

图 6-17 增材制造的人造下颚骨实物

### 3. 脸部修饰与美容

随着打印精准度和材质适应性的提高，身体各部分组织将能更加精细的修整与融合，所制造的材质自然而然成为身体的一部分，有助于打造出更符合审美的人体特征，表皮修复、美容应用水平也将进一步提高。如耳、鼻、皮肤等组织出现损伤时，可利用增材制造技术得到与患者精准匹配的相应组织，为患者重新塑造完整形象，达到美化的效果。2015年，74岁的皮肤癌幸存者Keith Lonsdale使用增材制造技术制造的"假脸"遮挡因切除手术而在脸上留下的一个大洞，重新找回自信、找回快乐，如图6-18所示为增材制造技术制造的"假脸"。制造过程为：首先全面扫描患者头骨及面部，根据所得的结果分析并建立起原来的面部三维模型，通过使用特殊的材质，增材制造出与面部完美贴合并且栩栩如生的假脸。随着增材制造技术可用材料的增多，制件质量的精细化，以及美容市场的壮大，脸部修饰与美容应用将会有更加广阔的天地，应用水平也将得到进一步的提高。

图 6-18 增材制造技术制造的"假脸"

## 6.3.3　医器械的设计和生产

增材制造已经影响了医药领域的多个重要方面。除了用于手术规划和定制植入体生物模型外，其他显而易见的应用还包括设计、开发、制造医疗设备和仪器。另外，新设计的医疗设备和仪器的使用价值可以在增材制造的帮助下得以证明。

**1. 医用工具的生产**

增材制造在生物医疗领域的应用已超出了设计与规划手术。原型可以作为主要的医用工具，如聚氨酯模具。在百特医疗用品公司（一个一次性医疗产品公司）设计师依靠 SLA 和 3DP 两种增材制造工艺，开发金属铸件来创建母模。母模也作为多个子模具金属铸造的基础。

由于工程师会重复使用橡胶模具或使用同种材料制造很多模具，这一方法在具有多种原型时非常有用。原型交付给客户，并通过组织医疗会议以得到专业的反馈，然后将设计变化纳入 CAD 的模具数据库。一旦设计完成，该模具数据将用于驱动加工零件。使用这种方法，百特医疗用品公司已经制造了活组织检查探针外壳和许多其他医疗产品。

**2. 药物输送设备的制造**

药物输送是指将药用化合物输送给人体或动物。输送的方法可以分为两种：侵入性和非侵入性。大多数药物通过口服采用非侵入性方法输送。然而，某些药物由于其易降解而不能通过口服，例如蛋白质和多肽类药物。通常它们都通过注射侵入性方式输送。

目前许多研究专注于定向输送和持续释放制剂。定向输送是指将药物按规划的路径输送到指定的目标（如癌细胞）。持续释放制剂是指以可控的方式在一段时间内释放药剂，以达到最佳的治疗效果。

聚合物药物的输送设备在持续释放制剂时发挥着重要作用。然而，现在的制造方法缺乏精准性，妨碍了设备的质量，导致药物输送效率和效果下降。由南洋理工大学主导的研究演示了能够筹建控制药物释放的输送装置。在这项研究中，创造空间和次级粉末沉积这两个过程被整合，为未来多材料聚合物药物输送设备的制造奠定了理论基础。

**3. 烧伤患者的面具**

烧伤面具是面部严重烧伤的患者带的塑料防护用具。它们作为治疗装置，用以防止疤痕组织的形成。烧伤患者在组织修复手术期间每天至少需要佩戴 23 小时的面具。生产烧伤面具的传统方法多样且复杂。最常用的方法是用石膏材料覆盖病人的面部形成模具。石膏的重量会移动面部的组织，实质上使它不可能得到准确的复制。而通过增材制造生产的精确的烧伤面具能使皮肤表面恢复得更光滑并减少异常疤痕，如图 6-19 所示。

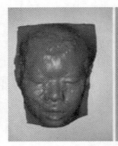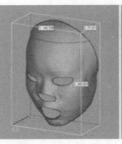

图 6-19　烧伤面具

# 6.4　增材制造在食品工业中的应用

　　增材制造技术还可以应用于食品工业中，例如 3D 食物打印机，是一种将食物"打印"出来的机器。它使用的并不是传统意义上的墨盒，而是把食物的材料和配料预先放入容器内，再输入食谱，直接打印即可，余下的"烹饪程序"也会由它去完成，输出来的不是一张又一张的文件，而是真正可以吃的食物。它采用的是一种全新的电子蓝图系统，不仅方便打印食物，而且可以帮助人们根据自己的需求，设计出不同样式、不同种类的食物。打印机所使用的"墨水"均为可食用原料，如巧克力汁、面糊、奶酪等。在电脑上设计好食物的样式并配好原料，电子蓝图系统便会创建出 3D 食物打印机的打印步骤，完成食物的整个打印过程，方便快捷。

　　3D 食物打印机具备很多优点，可以让厨师开发出更多的新菜品，制作出个性美食，满足不同消费者的需求。3D 食物打印机的"墨水"是液化的原材料，能够得到很好的保存。可以根据自己的口味、喜好、需要营养的摄取对食谱做不同程度的调整，按照自己的需求打印相应的食物。还可随心所欲地打印出不同形态的食物，简化食物的制作过程，同时能够制作出更加营养、健康、有趣的食品。3D 食物打印机制作食物可以大幅缩减从原材料到成品的环节，从而避免食物加工、运输、包装等环节的不利影响。

　　如图 6-20 所示为 2015 年在荷兰举行的第一届 3D 食物打印大会上所展示的部分增材制造食物。

　　据调查，50 岁以上的人群中有 20% 的人有食物吞咽方面的困难，因此人们使用增材制造技术设计出了一套整体的、自动化和个性化的 3D 食物打印机。使用这种食物打印机，科学家已经能够模仿老年人的口味重新创建经典美食，包括豌豆和汤圆。如图 6-21 所示为增材制造的经典美食，而且这种增材制造食品不仅味道好，而且质地更软，容易吞下。另外，每餐可以通过算法优化，向不同的老人提供其所需的营养成分。如图 6-22 所示为美食爱好者尝试用 3D 食物打印机打印的食品。利用该项技术营养师可根据个人的基础代谢量和每天的活动量，运用 3D 食物打印机打印每日所需的食物，以此来控制肥胖、糖尿病等问题。

图 6-20　部分打印出的食物

图 6-21　增材制造的经典美食

图 6-22　3D 食物打印机打印的食物

## 6.5　增材制造在文化创意中的应用

文化创意产业是以创作、创造、创新为根本，以文化内容和创意成果为核心价值，以知识产权实现或消费为交易特征，为社会公众提供文化体验的，具有内在联系的行业集群。增材制造技术在文化创意领域也有广泛应用。

### 6.5.1 装饰和服饰

现代饰品丰富多彩，琳琅满目。饰品分类的标准很多，但最常用的分类方式可按材料、工艺手段、用途、装饰部位等来划分。按材料可分为金属和非金属类，按用途可分为流行饰品和艺术饰品类。

在2013年上海首饰新锐设计大赛上，针对"摺"这一设计主题，名为 Cleopatra's EYES（埃及艳后之眼）的作品使用了增材制造技术制造，呈现出高贵的气质，如图6-23所示。作品通过三角对称的奇特形式、立体炫丽的颜色和内壁精致的古埃及壁画浮雕，形成一种时间和空间维度、暖色系（热情、张扬）与冷色系（隽秀、冷艳）之间的强烈对比，呈现出超凡脱俗的个性魅力。

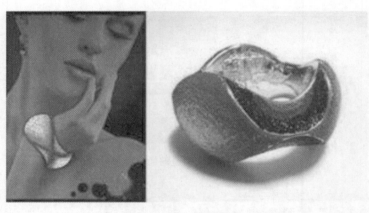

图 6-23　Cleopatra's EYES

增材制造技术不但在珠宝首饰制造方面得以应用，在礼品设计方面也有所突破。如图6-24所示为珠宝首饰业龙头企业老凤祥利用增材制造技术开发的精致礼品和建筑微缩模型。它充分运用增材制造的技术优势，开发出了与众不同的作品，真正将产品的设计理念、精细化程度、技术手段发挥得淋漓尽致。

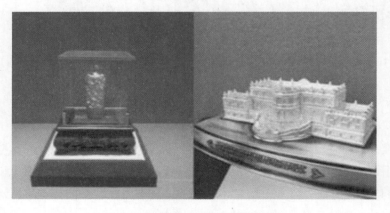

图 6-24　精致礼品和建筑微缩模型

印章制作视频

## 6.5.2　个性化创意产品

利用增材制造技术，设计师可以不考虑产品的复杂程度，仅专注于产品形态创意和功能创新，即所谓"设计即生产"。这改变了以往产品造型和结构设计的局限性，达到了产品创新的目标，是传统产品设计、手办模型制作等流程难以企及的。

人类富有无尽的想象力，但传统的制造方法将人类的创意局限在一定的范围之内，增材制造技术真正拓展了人们在材料上、形状上和想象上的自由度，弥补了传统技术的缺憾，可将人类的创意表达得淋漓尽致。如图 6-25a 所示的炫酷吉他，是利用 SLS 技术制作的，该吉他的外形充分体现了设计者的创造力，也突出了这款吉他的艺术价值。图 6-25b 所示是利用增材制造创造出的舒适女鞋，镂空的设计具有良好的透气性，同时产品成形后经过了涂覆处理，可以确保耐用性和牢固性，使其美观而又实用。

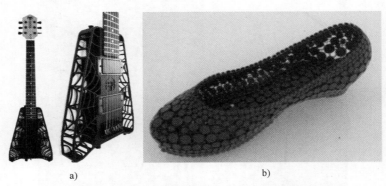

a)　　　　　　　　　　　　　b)

图 6-25　增材制造在个性化创意产品中的应用

如图 6-26 所示为 2014 年全球玩具巨头孩之宝与增材制造服务公司 Shapeways 合作开发的热门玩具系列——我的小马（My Little Pony）。开发制作出来后市场销售情况非常火爆，广受欢迎。

《通灵男孩诺曼》（ParaNorman）属于传统的实物模型定格动画片，电影制作方利用增材制造技术，首先创建了 8800 个面部表情的素材库，又根据不同的排序最终生成了大概 150 万个不同角色的面部表情供电影制作使用，最终制作完成该部动画。增材制造的部分表情如图 6-27 所示。

图 6-26　增材制造的热门玩具　　　　　　　图 6-27　增材制造的部分表情

### 6.5.3 雕塑中的应用

雕塑是一种造型艺术，用雕、刻、堆、贴、焊、敲、编等手段创造出具有一定空间的可视、可触的艺术形象，借以反应社会生活、表达艺术家的审美感受、审美情感、审美理想。增材制造技术的发展也潜移默化的影响了艺术家、艺术世界以及艺术作品的生产方式。

美国纽约的街头，由艺术家 Michsel Ress 和 Richard Dupont 创作设计的 3D 雕塑与以往的街头雕塑不同，它们是由增材制造设备制作的艺术品，如图 6-28 所示。这些作品旨在向世人展示科技的发展对艺术作品的创作方式的影响。

图 6-28　3D 雕塑

### 6.5.4 考古和文物保护

历史文物具有较高的历史、文化以及科学价值。为防止文物受到环境因素、意外事故的损坏，通常会用替代品或者复制品来代替这些文物展示。增材制造无疑是制造这些替代品或者复制品的最佳途径之一。因此增材制造技术在考古、文物保护以及修复领域发挥着极为重要的作用。

如图 6-29 所示为利用增材制造技术和 3D 扫描技术制作的米开朗基罗的作品。增材制造技术完美的复制了大师的作品，让文艺复兴时期大师级的作品在世界各地被重建呈现，使更多人可以目睹艺术的风采。

图 6-29　米开朗基罗的作品

## 6.5.5　建筑行业中的应用

增材制造技术在建筑领域的应用目前可分为两方面，一是在建筑设计阶段，主要是制作建筑模型；二是在工程施工阶段，主要是利用增材制造技术直接建造出建筑。

在建筑设计阶段，设计师们利用增材制造技术迅速还原各种设计模型，辅助完善初始设计的方案论证，这为充分发挥建筑师不拘一格、无与伦比的想象力提供了广阔的平台。这种方法既具有快速、环保、成本低、模型制作精美等特点，同时也能更好地满足个性化、定制化的市场需求。

在工程施工阶段，增材制造技术不仅仅是一种全新的建筑方式，更可能是一种颠覆传统的建筑模式。与传统建筑技术相比，增材制造建筑的优势主要体现在以下几方面：①更快的建造速度，更高的建筑效率；②不再需要使用模板，可以大幅节约成本；③更加绿色环保，减少建筑垃圾和建筑粉尘，降低噪声污染；④节省建筑工人数量，降低工人的劳动强度；⑤节省建筑材料的同时，内部结构还可以根据需求运用声学、力学等原理做到最优化；⑥可以给建筑设计师更广阔的设计空间，突破现行的设计理念，设计建造出传统建筑技术无法完成的形状复杂的建筑。

2013 年荷兰设计师 Janjaap Ruijssenaars 提出利用增材制造技术建造世界上首座增材制造建筑的构想，并与数学家 Rinus Roelofs，D-shape3D 打印创始人、意大利发明家 Dini 合作完成，如图 6-30 所示。他受到莫比乌斯环的启发，将房屋设计成自环绕式，房屋内壁面能够扭转成外壁面和拱背。增材制造出的模块原材料都是由沙子和无机粘结剂组成，每块框架模块的尺寸达到了 6m×6m×9m，使用钢筋混凝土填充，然后拼接在一起，成为现在人们看到的 Landscape House（风景屋），尤如其名，它的外形与风景一样都能给予人柔顺、流畅的感官享受。

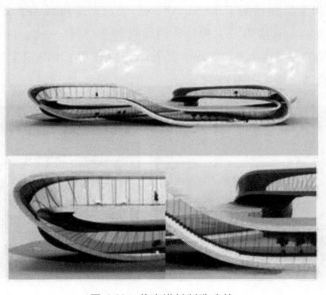

图 6-30　首座增材制造建筑

2014 年苏州的盈创公司使用一台巨大的 3D 打印机，采用特殊的"油墨"进行增材制造，用 24 小时建造了 10 栋占地 $200m^2$ 的毛坯房，如图 6-31 所示。展示了增材制造技术在建筑行业的强大建造能力，它可以在建造过程中降低 30%~70% 的能耗，节约人工成本，缩短工期，也使得建筑施工变得干净、紧凑、环保。如图 6-32 所示也是上海盈创公司完成的增材制造别墅，它是全球首个增材制造别墅，该别墅建筑面积达 $1100m^2$。

图 6-31 增材制造建筑

图 6-32 增材制造别墅

如图 6-33 所示为美国加州的 Emerging Objects 增材制造设计工作室设计的作品，名为 Bloom（绽放）。模型制作时使用了一种特殊的增材制造材料——铁与抗氧化水泥的聚合物复合材料。这个展品的尺寸为 3.6m×3.6m×2.7m。总共使用了 840 块定制的水泥砖块，展现出了增材制造在建筑方面的无限潜力。

图 6-33 Bloom

## 思考题

1. 根据你的兴趣爱好或知识背景，提出一种在本章中没有介绍的增材制造应用领域及其产品构想。
2. 你认为增材制造技术在各领域的应用会改变世界吗？如果会，请阐述原因，反之也阐述其原因。
3. 对本章进行知识梳理，用列表的形式整理出增材制造在各领域的应用并举出相关的例子。
4. 你认为增材制造技术如何能更好地推动制造强国战略？
5. 增材制造技术可以和哪些其他的技术相结合，应用到更多领域？

## 参 考 文 献

[1] 杨占尧. 增材制造与 3D 打印技术及应用 [M]. 北京：清华大学出版社，2017.

[2] 刘利钊. 3D 打印组装维护与设计应用 [M]. 北京：新华出版社，2016.

[3] 日本日经制造编辑部. 工业 4.0 之 3D 打印 [M]. 北京：东方出版社，2016.

[4] 蔡志楷，梁家辉. 3D 打印和增材制造的原理及应用 [M]. 北京：国防工业出版社，2017.

[5] 余振新. 3D 打印技术培训教程——3D 增材制造（3D 打印）技术原理及应用 [M]. 广州：中山大学出版社，2016.

[6] 王广春. 增材制造技术及应用实例 [M]. 北京：机械工业出版社，2014.

[7] 周伟民，闵国全. 3D 打印技术 [M]. 北京：科学出版社，2016.

[8] 李中伟. 面结构光三维测量技术 [M]. 武汉：华中科技大学出版社，2012.

[9] 王从军. 薄材层叠增材制造技术 [M]. 武汉：华中科技大学出版社，2013.

[10] 闫春泽. 粉末激光烧结增材制造技术 [M]. 武汉：华中科技大学出版社，2013.

[11] 魏青松. 粉末激光融化增材制造技术 [M]. 武汉：华中科技大学出版社，2013.

[12] GIBSON I，ROSEN D W，STUCKER B. Additive Manufacturing Technologies：Rapid Prototyping to Direct Digital Manufacturing [M]. New York：Springer，2010.

[13] GU D. Laser Additive Manufacturing of High-Performance Materials [M]. Berlin：Springer Berlin Heidelberg，2015.

[14] MUTHU S S，SAVALANI M M. Handbook of Sustainability in Additive Manufacturing [M]. Singapore：Springer，2016.

[15] WIMPENNY D I，PANDEY P M，KUMAR L J. Advances in 3D Printing & Additive Manufacturing Technologies [M]. New York：Springer，2017.

[16] YANG L，HSU K，BAUGHMAN B，et al. Additive Manufacturing of Metals：The Technology，Materials，Design and Production [M]. New York：Springer，2017.

[17] MARGA F，JAKAB K，KHATIWALA C，et al. Toward engineering functional organ modules by additive manufacturing [J]. Biofabrication，2012，4（2）：22-31.

“两弹一星”功勋科学家：
雷震海天

第7章

增材制造实验

## 7.1　反求工程实验

**1. 实验目的和意义**

1）了解三维测量与反求技术的原理及应用。

2）熟悉快速三维测量系统的操作方法和反求模型的建立。

**2. 实验原理**

**（1）三维测量技术原理**　目前，在工程实际中用来采集物体表面数据的测量设备和方法多种多样，其原理也各不相同。不同的测量方法，不但决定了测量本身的精度、速度和经济性，还造成测量数据类型及后续处理方式的不同。根据测量头是否与零件表面接触，可将三维测量方法分为接触式和非接触式两种。

1）接触式测量。接触式测量方法中，三坐标测量仪是应用最为广泛的一种测量设备。通过接触式测量头沿样件表面移动，通过记录测量头的数值变化，检测出接触点的三维坐标。

2）非接触式测量。一般常用的非接触式测量方法分为被动视觉和主动视觉两大类。本实验采用主动视觉的双目立体视觉，如图 7-1 所示为双目立体视觉的测量原理。其中 $P$ 是空间中任意一点，$O_1$、$O_r$ 是两个摄像机的所在位置，$P_{c1}$、$P_{cr}$ 是 $P$ 点在两个成像面上的像点。空间中 $P$、$O_1$、$O_r$ 形成唯一且固定的三角形，当连接 $O_1P$ 时与像平面交于 $P_{c1}$ 点，连接 $O_rP$ 时与像平面交于 $P_{cr}$ 点。因此，若已知像点 $P_{c1}$、$P_{cr}$，则延长 $O_1P_{c1}$ 和 $O_rP_{cr}$ 必交于空间点 $P$。

**（2）图像采集原理**　测量时光栅投影装置投影特定编码的光栅条纹到待测物体上，摄像头同步采集相应图像，然后通过计算机对图像进行解码和相位计算，并利用匹配技术、三角形测量原理，解算出摄像机与投影仪公共视区内像素点的三维坐标，通过三维扫描仪软件界面可以实时观测相机图像以及生成的三维点云数据（图 7-2）。

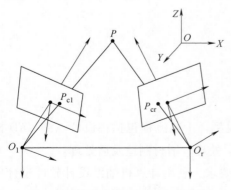

图 7-1　双目立体视觉的测量原理

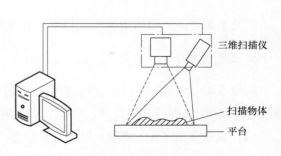

图 7-2　测量系统框架图

**3. 工艺流程**

1）调试设备。标定摄像机、调整摄像机和转椅的高度与距离（需要实验指导人员进行调试）。

2）打开测量软件新建工程，并按照班级、姓名、学号命名。

3）调整摄像机光圈等参数，设定拼接方式（设定为自动拼接）。

4）开始测量。使测量物体保持静止状态，投射光栅到物体上，进行一次摄像。

5）使测量物体旋转一定角度（设置为60°），进行一次摄像，不断重复旋转测量物体60°和摄像操作，直到测量物体旋转360°为止。最终将采集到的局部数据拼接在一起，完成测量。

**4. 实验问题**

1）在三维测量实验中，旋转测量物体进行测量时，对旋转的角度有没有要求，与哪些因素有关？

2）图像采集与模型建立的精度与哪些因素有关？

3）说明一下你对三维测量技术的理解，并分类列举一下三维测量技术在不同行业的作用。

# 7.2  熔融沉积成形实验

**1. 实验目的和意义**

1）以反求工程实验中的扫描模型为例，采用熔融沉积成形的方式制造其模型，了解熔融沉积成形设备的工作原理、工作方法及相关设备。

2）了解熔融沉积成形技术的特点和应用范围。

**2. 实验原理**

参见本教材3.6节熔融沉积（FDM）相关内容。

**3. 工艺流程**

FDM实验的模型为反求工程实验中建立的扫描模型，工艺流程包括：设计三维CAD模型、对CAD模型进行近似处理、对STL文件进行分层处理、增材制造及后处理。

**（1）设计三维CAD模型**  设计人员根据产品的要求，利用计算机辅助设计软件设计出三维CAD模型。常用的设计软件有Pro/E、SolidWorks、MDT、AutoCAD、UG等。

**（2）对 CAD 模型进行近似处理**　用一系列相连的小三角形平面来逼近曲面，得到 STL 格式的三维近似模型文件。

**（3）对 STL 文件进行分层处理**　由于模型是通过一层层的截面叠加成形的，所以必须将 STL 格式的三维 CAD 模型转化为增材制造系统可接受的层片模型。片层的厚度范围通常在 0.025~0.762mm 之间，间隔越小，成形精度越高，但成形时间也越长，效率就越低，反之则精度低，但效率高。

**（4）增材制造**　产品的增材制造包括两个方面：支撑制造和实体制造。

1）支撑制造。根据加工模型的 $XY$ 方向的尺寸大小，选择合适的硬纸板，用双面胶把硬纸板粘结到清洁的工作台上（选择硬纸板的光面进行粘结）。为了防止制造过程中纸板翘起，通常用胶带把硬纸板四周进一步固定在工作台上。支撑制造针对模型自下而上进行。

2）实体制作。设置相关工艺参数，包括层厚、喷嘴供料电动机的供料速度、喷嘴加工时的运动速度最大值、模型轮廓补偿值等，然后即可进行实体成形。

**（5）后处理**　FDM 的后处理主要是对成形件进行表面处理，去除实体的支撑部分。对模型清角，剥离支撑材料时可使用剪钳、镊子、铲刀等工具。对部分实体表面进行打磨处理，由粗到细用砂纸、锉刀打磨表面，对较大的凸痕用铲刀和刮刀进行修整，使成形精度、表面粗糙度等达到要求。用毛刷清洁模型表面，对模型喷灰，观察表面是否还有明显的纹路并检查模型表面，用粉料填补细小的凹痕，然后用高一级的砂纸进行打磨。完成后重复清洁、喷灰、干燥步骤。最后观察模型表面的表面粗糙度，进行表面涂装或抛光数次，使模型表面更加光亮平整，富有光泽。

**4. 实验问题**

1）FDM 的成形精度是多少？影响产品成形精度的因素有哪些？如何提升增材制造产品的尺寸精度和表面质量？

2）何种情况下需要额外制造支撑结构？支撑结构的设计与优化方法有哪些？

3）FDM 技术的局限性体现在哪里？如果你是相关企业的研发人员，会从哪些角度来提升 FDM 技术的成形质量与应用范围？

# 7.3　激光选区熔化成形实验

**1. 实验目的和意义**

1）了解 SLM 的工作原理，完成模型的 SLM 制造，进一步理解增材制造的工艺流程。

2）了解 SLM 技术的特点和应用范围。

## 2. 实验原理

参见本教材 3.2 节激光选区熔化（SLM）相关内容。

## 3. 工艺流程

工艺流程分为前处理、成形加工、后处理三部分。

**（1）前处理**

1）模型的构建。由于增材制造系统是由三维 CAD 模型直接驱动，因此首先要构建三维 CAD 模型。三维 CAD 模型可通过对产品实体进行激光扫描、CT 断层扫描，得到点云数据，然后利用逆向工程的方法来构造。也可通过模型结构的主动设计，获得个性化产品模型。

2）三维模型的近似处理。用一系列相连的小三角形平面来逼近曲面，得到模型的 STL 文件。

3）三维模型的切片处理。根据被加工模型的特征选择合适的加工方向，在成形高度方向上，用一系列一定间隔的平面切割近似后的模型，从而提取截面的轮廓信息。

此阶段主要完成模型的三维 CAD 造型，并经切片后将 STL 数据输入到 SLM 增材制造系统中。

**（2）成形加工**

1）将粉末置入铺粉系统中。

2）设置工艺参数，包括预热温度、激光功率、扫描速率、扫描间距、单层层厚、扫描策略等。

3）接入保护气体，使其充满成形室。

4）粉层激光熔化叠加。设备根据原型的结构特点，在设定的 SLM 参数下，自动完成原型的逐层粉末熔化叠加过程。当所有叠层熔化叠加完成后，需要将样品在成形室中缓慢冷却至 40℃ 以下。

**（3）后处理** 成形完后取出样品，通过线切割将样品与基板分离，并清除浮粉。SLM 成形过程中，存在金属粉末的粘接现象，因此需针对样品使用的精度要求，选择性地进行机加工或喷丸处理，提高表面质量。

## 4. 实验问题

1）SLM 的成形过程中可能出现哪些缺陷？影响缺陷形成的因素有哪些？如何消除上述缺陷？

2）与其他金属增材制造技术相比，SLM 技术有哪些优势与局限性？其产生的原因是什么？

3）SLM 技术的发展日新月异，在现有 SLM 技术的基础上，许多企业推出了新一代的 SLM 装备。据你所知，这些装备的研制与更新体现在哪些方面？

附　录

缩略词索引

2D——Two Dimension（二维）

3D——Three Dimension（三维）

3DP——Three Dimension Printing（3D 打印）

3DS——Three Dimension Scanner（3D 扫描仪）

ABS——Acrylonitrile Butadiene Styrene（丙烯腈-丁二烯-苯乙烯）

ASCII——American Standard Code for Information Interchange（信息交换美国　标准代码）

AIM——ACES Injection Moulding（注塑模）

AM——Additive Manufacture（增材制造）

AMF——Additive Manufacture File Format（增材制造文件格式）

BJ——Binder Jetting（粘结剂喷射）

B-rep——Boundary Representation（边界表示）

CAD——Computer Aided Design（计算机辅助设计）

CAE——Computer Aided Engineering（计算机辅助工程）

CALPHAD——Calculation of Phase Diagrams（相图计算）

CAM——Computer Aided Manufacturing（计算机辅助制造）

CAM-LEM——Computer Aided Manufacturing of Linated Engineering Materials（计算机辅助制造-分层工程材料）

CIJ——Continuous Ink Jet（连续式喷射）

CIM——Computer Integrated Manufacturing（计算机集成制造）

CLI——Common Layer Interface（通用层接口）

CLIP——Continuous Liquid Interface Production（连续液界制造技术）

CJP——Color Jet Printing（彩色喷墨打印）

CMM——Coordinate Measuring Machine（坐标测量仪）

CNC——Computer Numerical Control（计算机数控加工）

CSG——Constructive Solid Geometry（构造实体几何体）

CT——Computed Tomography（计算机体层成像）

DED——Directed Energy Deposition（直接能量沉积）

DLP——Digital Light Processing（数字光处理）

DMD——Direct Metal Deposition（直接金属沉积）

DMLS——Direct Metal Laser Sintering（直接金属烧结）

DOD——Drop on Demand（按需供墨）

DPM——Digital Part Materializtion（数字化零件成形）

DRT——Direct Rapid Tooling（直接快速制模）

DSP——Digital Signal Processor（数字信号处理器）

DSPC——Digital Shell Production Casting（直接壳体生产制造）

DW——Direct Writing（直接书写）

EB——Electron Beam（电子束）

EBF——Electron Beam Freeform Fabrication（电子束自由成形）

EBM——Electron Beam Melting（电子束熔化）

EBSD——Electron Backscattered Diffraction（电子背散射衍射）

EDM——Electric Discharge Machining（电火花加工）

FDM——Fused Deposition Modelling（熔融沉积成形）

FEA——Finite Element Analysis（有限元分析）

FEF——Freezeform Extrusion Fabrication（冰冻挤出成型技术）

FEM——Finite Element Method（有限元方法）

FGM——Functionally Gradient Materials（功能梯度材料）

FRP——Fibre Reinforced Polymer（纤维增强树脂）

FRSP——Fiber Reinforced Thermoset Plastic（热固性复合材料）

FRTP——Fiber Reinforced Thermoplastic Plastic（热塑性复合材料）

FW——Filament Winding（纤维缠绕）

GE——General Electrics（通用电气）

GIS——Geographic Information System（地理信息系统）

GPS——Global Positioning System（全球定位系统）

GPU——Graphics Processing Unit（图形处理器）

HIP——Hot Isostatic Pressing（热等静压）

HIPS——High Impact Polystyrene（高抗冲聚苯乙烯）

HPC——High Performance Computing（高性能计算）

HPGL——Hewlett Packar Graphics Language（惠普图形语言）

HQ——High Quality（高质量）

HR——High Resolution（高分辨率）

HS——High Speed（高速度）

ICME——Integrated Computational Materials Engineering（集成计算材料工程）

IGES——Initial Graphics Exchange Specification（初始图形交换格式）

IRT——Indirect Rapid Tooling（间接快速制模）

IPN——Interpenetrating Polymer Networks（互穿聚合物网络）

LAN——Local Area Network（本地网或局域网）

LBM——Laser beam manufacture（激光束加工）

LCD——Liquid Crystal Display（液晶显示）

LCM——Lithography-based Ceramic Manufacturing（基于光刻的陶瓷制造）

LDED——Laser Directed Energy Deposition（激光定向能量沉积）

LDNI——Layered Depth-Normal Image（分层深度-正常图像）

LEAF——Layer Exchange ASCII Format（分层交换ASCII码）

LED——Light Emitting Diode（发光二极管）

LENS——Laser Engineered Net Shaping（激光近净成形）

LMD——Laser Metal Deposition（激光熔化沉积）

LMT——Laser Manufacturing Technologes（激光制造技术）

LOM——Laminated Object Manufacturing（分层实体制造）

LPS——Liquid Phase Sintering（液相烧结）

LS——Laser Sintering（激光烧结）

MEM——Melted Extrusion Modeling（熔化挤压成型）

MEMS——Micro Electro Mechanical Systems（微机电系统）

MGI——Materials Genome Initiative（材料基因组计划）

MIG——Metal Inert Gas Arc Welding（熔化极惰性气体保护电弧焊）

MJM——Multi Jet Modeling（多点喷射成型）

MJP——Multi Jet Printing（多点喷射打印）

MJS——Mulitphase Jet Solidification（多相喷射固化）

MMC——Metal Matrix Composite（金属基复合材料）

MRI——Magnetic Resonance Imaging（核磁共振图像）

NC——Numerical Control（数控）

NUI——Natural User Interface（自然用户界面）

PA——Polyamide（尼龙）

PBF——Powder Bed Fusion（粉末床熔融）

PC——Polycarbonte（聚碳酸酯）

PCB——Printed Circuit Board（印刷电路板）

PEEK——Polyetheretherketone（聚醚醚酮）

PEI——Polyetherimide（聚醚酰亚胺）

PI——Polyimide（聚酰亚胺）

PLA——Poly Lactic Acid（聚乳酸）

PMC——Polymer Matrix Composite（聚合物基复合材料）

PVA——Polyvinyl acetal（聚乙烯醇缩乙醛）

PVD——Physical Vapor Deposition（物理气相沉积）

RP——Rapid Prototyping（快速成型）

SLA——Stereolithography Apparatus（光固化成形）

SLM——Selective Laser Melting（激光选区熔化）

SLS——Selective Laser Sintering（激光选区烧结）